国家出版基金项目
NATIONAL PUBLICATION FOUNDATION

信息光子学与光通信系列丛书

光纤偏振模色散原理、测量与自适应补偿技术

张晓光　唐先锋　著

U0290960

北京邮电大学出版社
www.buptpress.com

内 容 简 介

光纤偏振模色散是限制光纤通信系统进一步提升传输容量的重要限制因素之一，也是光纤通信领域里的一个研究热点。本书从最基本的偏振光描述开始，较为系统、完整地介绍了光纤偏振模色散的产生机理，偏振模色散的主要测量方法，以及在直接检测光纤通信系统与相干检测光纤通信系统中对于偏振模色散补偿与均衡的主要方法。通过阅读本书，读者可以全面了解与光纤偏振和偏振模色散相关的原理与技术。

本书可供从事光纤通信领域研究的科技人员参考，也适合光纤通信相关专业的高年级本科生与研究生阅读，亦可作为研究生相应课程的教学用书。

图书在版编目(CIP)数据

光纤偏振模色散原理、测量与自适应补偿技术 / 张晓光，唐先锋著. -- 北京：北京邮电大学出版社，2017.6(2022.4 重印)

ISBN 978-7-5635-5092-0

Ⅰ. ①光… Ⅱ. ①张… ②唐… Ⅲ. ①光纤通信—偏振光—研究 Ⅳ. ①TN929.11

中国版本图书馆 CIP 数据核字(2017)第 100727 号

书　　　名：光纤偏振模色散原理、测量与自适应补偿技术
责任著作者：张晓光　唐先锋　著
责 任 编 辑：刘　颖
出 版 发 行：北京邮电大学出版社
社　　　址：北京市海淀区西土城路 10 号(邮编：100876)
发　行　部：电话：010-62282185　传真：010-62283578
E-mail：publish@bupt.edu.cn
经　　　销：各地新华书店
印　　　刷：唐山玺诚印务有限公司
开　　　本：720 mm×1 000 mm　1/16
印　　　张：7.25
字　　　数：147 千字
版　　　次：2017 年 6 月第 1 版　2022 年 4 月第 2 次印刷

ISBN 978-7-5635-5092-0　　定价：18.00 元

前　言

光纤通信技术的发展是惊人的。光纤通信系统从20世纪70年代初发展到今天，传输速率已经从最初的45 Mbit/s达到了目前的几十Pbit/s。目前的光纤通信系统已经采用了波分复用、偏分复用、高阶调制、空分复用等各种增加系统容量的技术。随着单波长信道码速率的增加，偏振效应在光纤通信系统中扮演的角色越来越重要。偏振可以有正面的角色：偏振既可以用作复用的一种方式(偏分复用)，使系统容量加倍，也可以用作偏振编码调制。同时偏振扮演的负面角色也不容忽视：偏振效应可以造成光纤中传输的光信号的损伤，这些偏振效应包括偏振模色散、偏振相关损耗与偏振旋转，它们是光纤信道中重要的线性损伤机制。

过去，从事光纤通信研究的普通从业者不太关注光纤中的偏振效应，这是由于：第一，理解偏振效应需要比较复杂的数学与物理知识，让人望而却步；第二，2000年以前的光纤通信系统码速率比较低，偏振效应引起的光信号损伤对于光纤通信系统误码率的影响并不严重。但是2000年前后单信道码速率达到10 Gbit/s以上，偏振效应的影响已经开始显著，特别是普遍采用偏分复用技术以后，偏振效应的均衡已经是光纤通信系统从业人员必须掌握的技术，无法回避。

偏振模色散是偏振效应中最重要的光信号损伤效应，它的产生源于光纤本身拉制过程中的不完善造成的随机双折射效应，以及成缆铺设后周围环境影响内部应力变化产生的随机双折射效应。由于偏振模色散产生机制与数学表述的复杂性以及其随时间不断随机变化的特性，造成偏振模色散的测量与均衡的困难。尤其是偏振模色散效应与偏振相关损耗效应以及偏振旋转效应混合后，问题更加复杂。

2010年前后，骨干网的光纤通信系统普遍采用了单波长信道100 Gbit/s的偏分复用相干检测系统，替代早先的直接检测光纤通信系统。相干检测系统可以同时提取接收信号的幅度和相位，使电域处理接收信号成为可能。这样偏振效应的均衡从光域的解决方案向电域的解决方案过渡。在直接检测系统中，偏振效应的光域解决方案以偏振控制器、时延线与检偏器为基本器件，以DSP模块处理反馈信号与控制算法，自适应地控制偏振控制器与时延线，对畸变光信号进行复原；而在相干检测系统中，电域的解决方案是在接收机将光信号转成电信号之后，在 DSP 模块中利用均衡算法对接收机采集到的电信号进行信号均衡处理。

本书作者从 1999 年开始光纤偏振效应的研究，2001 年作为主持人承接了 863 计划的重点项目“光纤偏振模色散自适应补偿技术”，研究在直接检测光纤通信系统中的偏振模色散的光域补偿技术，取得重大突破，项目验收获得“A＋”的评分。曾参与项目的博士毕业生里有两位获得了教育部“百篇优秀博士学位论文”提名。随后项目组又在 863 计划基金项目与国家自然基金项目支持下，开展了光纤偏振模色散测量与均衡研究，取得许多相关成果。2008 年受华为技术有限公司的委托，本书作者作为项目主持人，带领研究组为华为技术有限公司研制了国内第一台实用化的光域偏振模色散自适应补偿样机，指标超过美国 Stratalight 公司（现被美国 Opnext 公司收购）的 OTS 4540 偏振模色散补偿器，达到世界先进水平。目前本书作者带领研究组正在研究相干检测光纤通信系统中偏振效应的均衡技术，也取得很大进展。本书作者在光纤偏振效应领域“耕耘劳作”十几年，可谓“十年磨一剑”，在该领域积累了丰富的研究经验。作者一直有一个愿望，想将这些知识积累和研究经验介绍给读者。作者有幸受邀撰写本书。本书作为“信息光子学与光通信系列丛书”的一本与读者见面，实现了作者的愿望。

全书分为 5 章，第 1 章是绪论，介绍偏振模色散研究的意义、发展历史与现状。第 2 章详细介绍光偏振态的数学描述——琼斯空间描述和斯托克斯空间描述，随后介绍了偏振控制器原理。第 3 章介绍偏振模色散的基本概念、产生机理、数学模型和统计特性。第 4 章详细介绍偏振模色散几种主流的测量方法，随后还介绍了偏振相关损耗的概念与测量方法。第 5 章介绍主流的偏振模色散补偿与均衡技术，分成直接检测光纤通信系统中的补偿与均衡技术与相干检测光纤通信系统中的补偿与均衡技术两大部分，包括补偿技术的原理、补偿算法与具体实现方案。

感谢北京邮电大学信息光子学与光通信国家重点实验室的主任任晓敏教授和副主任徐坤教授！是他们的邀请，作者才能够参与“信息光子学与光通信系列丛书”的编写工作。感谢北京邮电大学出版社对于本书的支持！感谢国家出版基金的资助！

限于作者的水平，书中肯定存在不妥与错误之处，恳请广大读者批评指正。

作者

于北京邮电大学

2017 年 2 月 23 日

目　　录

第 1 章　绪论 ········· 1

1.1　光纤偏振模色散的研究意义 ········· 1

1.2　光纤偏振模色散的研究进展 ········· 3

本章参考文献 ········· 4

第 2 章　偏振光的描述 ········· 7

2.1　偏振光的一般数学表示 ········· 7

2.2　偏振光的琼斯矢量表示法 ········· 8

2.2.1　偏振光的琼斯矢量表示 ········· 8

2.2.2　偏振器件的琼斯矩阵表示 ········· 9

2.3　偏振光的斯托克斯矢量表示法 ········· 11

2.3.1　偏振光的斯托克斯矢量表示 ········· 11

2.3.2　偏振光的庞加莱球表示 ········· 14

2.3.3　偏振器件的米勒矩阵表示 ········· 16

2.4　偏振控制器的数学描述 ········· 19

本章参考文献 ········· 24

第 3 章　偏振模色散的产生机理与统计特性 ········· 26

3.1　单模光纤中偏振模色散的产生机理 ········· 26

3.2　偏振模色散的理论模型 ········· 29

3.2.1　偏振模色散的主态概念 ········· 29

3.2.2　偏振模色散的矢量描述 ········· 31

3.2.3　二阶偏振模色散 ········· 32

3.3　偏振模色散的数学分析模型与统计特性 ········· 34

3.3.1　动态方程 ········· 35

3.3.2　偏振模色散矢量的级联规则 ········· 35

3.3.3　琼斯矩阵传输法 ········· 36

3.3.4　光纤偏振模色散的统计规律 ········· 39

3.3.5 偏振模式耦合 …… 42
3.3.6 耦合非线性薛定谔方程法与马纳科夫方程 …… 43
本章参考文献 …… 44

第4章 偏振模色散的测量方法 …… 48

4.1 偏振模色散的时域测量方法 …… 48
4.1.1 光脉冲延迟法 …… 48
4.1.2 偏分孤子法 …… 49
4.1.3 干涉仪测量法 …… 51
4.2 偏振模色散的频域测量方法 …… 52
4.2.1 固定分析仪法和 Sagnac 干涉仪法 …… 52
4.2.2 琼斯矩阵特征值分析法 …… 55
4.2.3 米勒矩阵法 …… 57
4.2.4 庞加莱球法 …… 60
4.3 偏振相关损耗的测量方法 …… 60
4.3.1 偏振态扫描法 …… 61
4.3.2 米勒矩阵法 …… 62
本章参考文献 …… 64

第5章 偏振模色散的补偿技术 …… 67

5.1 直接检测光纤通信系统中偏振模色散的补偿技术 …… 67
5.1.1 电域补偿技术 …… 67
5.1.2 光域补偿技术 …… 71
5.2 相干检测光纤通信系统中偏振模色散的补偿技术 …… 86
5.2.1 相干接收系统中偏振效应均衡方法 …… 86
5.2.2 恒模算法和判决导引最小均方算法 …… 88
5.2.3 基于斯托克斯空间的偏振效应均衡算法 …… 92
5.2.4 基于卡尔曼滤波器的偏振效应均衡算法 …… 98
本章参考文献 …… 104

第1章 绪论

1.1 光纤偏振模色散的研究意义

近年来，随着云计算、高清视频在线点播、高速无线接入等业务的快速发展，人们对于网络带宽的需求呈指数级地逐年增长。作为互联网的骨干网载体，商用的光纤通信系统从20世纪90年代普遍采用的单信道2.5 Gbit/s系统，到2000年前后的单信道10 Gbit/s的系统升级，中间经历短暂的单信道40 Gbit/s系统的过渡，在2010年前后迅速升级为单信道100 Gbit/s的系统[1-3]。照此速度发展下去，单信道400 Gbit/s，乃至超信道(supperchannel)1 Tbit/s系统的商用化，也不是遥远的故事[4]。

偏振是光波的一种基本属性。偏振在光纤通信系统中扮演着重要的角色，其正面角色是：偏振可以作为一种复用方法提高光纤通信的容量。光在传播过程中，其横向可以存在两个正交的偏振态(比如两垂直的线偏振态，或者左旋和右旋的圆偏振态)，可以独立地携带两路信号，形成偏分复用的方式，容量可以加倍。另外，可以利用偏振进行偏振编码调制，比如偏振键控调制(Polarization Shift Keying，POL-SK)[5]。同样值得重视的是，偏振在光纤信号传输时还扮演着反面的角色：这就是偏振造成的光纤中的信号损伤机制——偏振模色散(Polarization Mode Dispersion，PMD)、偏振相关损耗(Polarization Dependent Loss，PDL)以及偏振态的变化(有时称为偏振旋转)(Rotation of State of Polarization，RSOP)[6]。

本书主要介绍光纤偏振模色散的原理、偏振模色散的测量以及偏振模色散的补偿与均衡技术。偏振相关损耗与偏振旋转效应也会在必要的章节中涉及。

光纤偏振模色散来源于光纤中的双折射效应。在单模光纤中，传输着两个相互正交的线性偏振模式，在光纤横截面理想圆对称和理想使用情况下，这两个模式是相互简并的；但在实际情况下，由于生产中造成的光纤的圆不对称、内应力等，成缆过程中形成的应力、光纤扭曲等以及使用过程中的压力、弯曲、环境温度变化等因素造成单模光纤中这两个模式之间有微小的传输群速度差，从而形成偏振模色散。

偏振模色散早在光纤问世时就已存在，只是由于当时通信速率较低，偏振模色散还不足以影响系统传输，所以这个问题没有引起重视。近年来，随着光纤通信和色度色散补偿方案的迅速发展，当单信道传输码率达到10 Gbit/s，特别是40 Gbit/s

以后，偏振模色散对系统的损害就明显表现出来。另外，智能光网络的发展，动态路由分配造成传输距离的不可预知性，使原本微小的偏振模色散效应的不良影响在传输链路上不断积累，造成不可忽视的影响。从目前的研究现状看，偏振模色散将成为限制高速光纤通信系统容量和距离的最重要的因素之一。

光纤中的偏振模色散的大小一般由偏振模色散系数(PMD 系数)D_{PMD}表示，其单位为 ps/$\sqrt{km}$。不同传输码率的光纤通信系统对于偏振模色散的容忍度不同，光纤通信系统的传输码率越高，所能够容忍的偏振模色散越小。表 1-1-1 显示了不同传输码率的光纤通信系统(为了比较统一性，假定调制码型统一为非归零码(NRZ 码))能够容忍的最大偏振模色散值(在第 3 章将定义一阶偏振模色散的衡量物理量)——差分群时延(Differential Group Delay，DGD)的平均值(mean DGD)以及传输 400 km，对相应光纤 PMD 系数 D_{PMD}的要求。可见，当光纤通信系统的码速率为 2.5 Gbit/s 时，对于差分群时延平均值的容忍度是 40 ps，传输 400 km 所要求的光纤 PMD 系数小于 2.0ps/$\sqrt{km}$；而对于 100 Gbit/s 系统，能容忍的差分群时延平均值只为 1 ps，所要求的光纤的 PMD 系数小于 0.06 ps/$\sqrt{km}$。

表 1-1-1　不同光纤通信系统能够容忍的偏振模色散以及对于光纤 PMD 系数的要求

光纤通信系统的码速率/Gbit · s^{-1}	对应于 NRZ 码所能够容忍的平均 DGD/ps	传输 400 km 所要求的 PMD 系数
2.5	40	<2.0
10	10	<0.5
20	5	<0.25
40	2.5	<0.125
100	1	<0.06

2003 年，德国电信的 D. Breuer 等人对于德国电信自 1985 年到 2001 年铺设的光缆中 9 770 条光纤进行了 PMD 系数的测量[7]，测量结果如图 1-1-1 所示。图中显示，70%的光纤适合 40 Gbit/s 的光纤通信系统，只有 40%的光纤适合目前 100 Gbit/s 的光纤通信系统。图中右侧大约有 7%的光纤，其 PMD 系数大于 0.5ps/$\sqrt{km}$，这是 20 世纪 90 年代以前铺设的光纤，它们甚至不适合 10 Gbit/s 以下的光纤通信系统。对于这些已经铺设的不适合高速系统的光纤，如果在线路升级时重新铺设光纤，费用巨大。因此，找到缓解以及补偿偏振模色散对于光纤通信系统影响的解决方案，越来越成为迫切的需要。

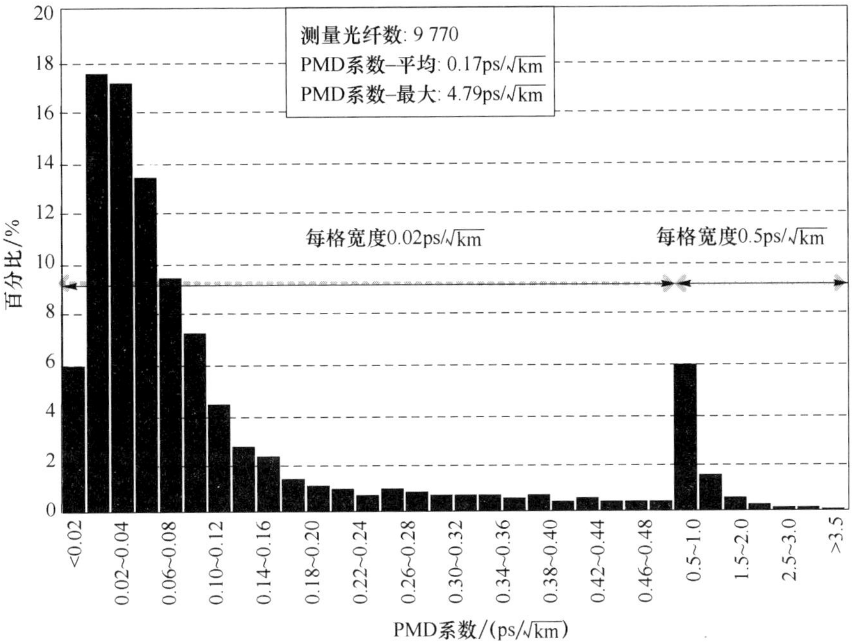

图 1-1-1 德国电信(Deutsche Telekom)自 1985 年到 2001 年铺设的光缆中 9 770 条光纤 PMD 系数的统计分布

1.2 光纤偏振模色散的研究进展

最早建立的偏振模色散理论模型是 1986 年 C. D. Poole 建立的偏振模色散的主态理论[8]。随后国际上有关偏振模色散的研究迅速发展,研究主要集中在偏振模色散的统计特性分析、偏振模色散的测量技术、偏振模色散对光纤通信系统的影响、偏振模色散的缓解技术以及自适应补偿技术等方面。在 1994 年以前人们重点研究光纤中偏振模色散产生的机理和测量方法。人们提出多种测量方法,这些测量方法分为两大类:一类是时域测量法;另一类是频域测量法[9,10]。1994 年后重点转向开展偏振模色散对光纤通信系统传输性能影响的研究,并研究缓解偏振模色散影响的各种方法。特别注意研究对早期铺设的光缆通信系统升级时的偏振模色散补偿的研究。在专利方面,1998 年美国 Lucent 公司和日本的 Fujitsu 公司分别就他们做出的 10 Gbit/s 和 40 Gbit/s 一阶偏振模色散补偿系统申请了专利。1999 年法国的 Alcatel 公司将他们利用一个 PMD 补偿器对多路进行补偿的方法申请了专利。在产品方面,Corning 公司推出了补偿 10 Gbit/s 系统 PMD 补偿器;YAFO Network 公司推出 Yafo10 也属于 10 Gbit/s 的 PMD 补偿器。在 OFC2001 会议上 YAFO Network 演示了 40 Gbit/s 系统的 PMD 补偿器 Yafo40,随后于 2002 年在德国电信的网络上进行了现场试验[11]。2001 年以美国纳斯达克指数疯狂下跌为标志，世界科技泡沫破灭，使得 40 Gbit/s 系统的上马拖后了大约 6 年。偏振模色散补偿的商业化进程随之停止，此期间没有商业公司推出新的 PMD 补偿器。随着人们对信息容量的需求迅速增大，世界各国逐步上马 40 Gbit/s 系统，偏振模色散的问题由此逐渐引起了人们的关注。2007 年 Stratalight 公司(后被 Opnext 公司收购)推出了 OTS 4540 PMD 补偿器[12]，标志着偏振模色散商业化解决方案的又一次启动。

2010 年前后，光纤通信系统骨干网升级为单信道 100 Gbit/s 的相干通信系统。与直接检测的光纤通信系统不同，相干检测利用一个本地激光器与接收光信号进行干涉，可以同时提取接收信号的幅度与相位信息，并能通过接收机里的数字信号处理(Digital Signal Proccessing，DSP)系统处理信号，使得采用 QPSK 调制格式成为可能。由于 100 Gibt/s 的相干光纤通信系统还采用了偏分复用技术，因此要考虑在接收机中对接收信号同时进行偏分解复用、偏振模色散均衡、偏振相关损耗补偿，因此新的基于 DSP 处理的偏振效应均衡方法吸引了人们新的注意[13,14]。

北京邮电大学研究组早在 2000 年就开始了偏振模色散机理与补偿技术的研究。2001—2004 年北京邮电大学与清华大学合作，承担了国家 863 计划重点项目“光纤偏振模色散自适应补偿技术”的研究，获得许多重要的成果[15-20]，完成了 40 Gbit/s OTDM 系统中一阶(>100 ps)及二阶(>4 000 ps^2)偏振模色散同时补偿的自适应补偿实验，搜索响应时间<100 ms，跟踪恢复响应约 11 ms。特别是开发的控制算法解决了搜索陷入局部极值的问题。2008—2010 年，北京邮电大学承接华为技术技有限公司的委托，研制成功中国第一台实用化偏振模色散自适应补偿样机。在华为的 40×43 Gbit/s DWDM RZ-DQPSK 1 200km 的传输试验平台上通过了多项测试，其指标达到了商用的要求[21]。相比于 Stratalight 公司的 OTS 4540 PMD 补偿器，北邮-华为 PMD 补偿样机动态性能更佳。2016 年研究组又提出利用卡尔曼滤波器联合均衡相干光纤通信系统中偏振效应(包括偏振旋转、偏振模色散、偏振相关损耗)的 DSP 算法[22]。

本书第 2 章介绍偏振光的数学描述方法，为本书后面的内容打下基础；第 3 章介绍偏振模色散的产生机理、数学模型和统计特性；第 4 章介绍偏振模色散的主要测量方法；第 5 章分别介绍直接检测光纤通信系统和相干检测光纤通信系统中偏振模色散的补偿与均衡方法。

本章参考文献

[1] OIF, 100G Ultra Long Haul DWDM Framework Document [A] Jun. 30, 2009.

[2] XIA T J, WELLBROCK G, BASCH B, etc. End-to-end native IP Data 100G single carrier real time DSP coherent detection transport over 1520-km field

deployed fiber [C]. Proceedings of Optical Fiber Communications Conference (OFC), San Diego, CA. 2010, Paper PDPD4.

[3] BIRK M, GERARD P, CURTPO R, etc. Real-time single-carrier Coherent 100 Gb/s PM-QPSK field trial [J]. Journal of Lightwave Technology, 2011, 29 (4): 417 - 425.

[4] RAYBON G. High symbol rate transmission systems for data rates from 400 Gb/s to 1 Tb/s [C]. Proceedings of Optical Fiber Communications Conference (OFC), San Diego, CA, 2015, Paper M3G. 1.

[5] BENEDETTO S, POGGIOLINI P. Theory of polarization shift keying modulation [J]. IEEE Transactions on Communications, 1992, 40 (4): 708-721.

[6] DAMASK J N. Polarization optics in telecommunications [M]. New York: Springer, 2005.

[7] BREUER D, TESSMANN H, GLADISCH A, etc. Measurements of PMD in the installed fiber plant of Deutsche Telekom [C]. Digest of the LEOS Summer Topical Meeting, 2003, paper MB2. 1.

[8] POOLE C D, WAGNER R E. Phenomenological approach to polarization dispersion in long single-mode fibers [J]. Electronics Letters, 1986, 22(19): 1029-1030.

[9] WILLIAMS P A. PMD Measurement Techniques Avoiding Measurement Pitfalls [C] in Venice Summer School on Polarization Mode Dispersion, Venice Italy, June, 2002, 24-26.

[10] NAMIHARA Y, MAEDA J. Comparison of various polarisation mode dispersion measurement methods in optical fibres [J]. Electronics Letters, 1992, 28(25): 2265-2266.

[11] http://www. lightwaveonline. com/articles/2002/05/deutsche-telekom-trials-first-40gbits-pmd-compensation-system-54834602. html

[12] http://www. opnext. com/products/subsys/OTS4540. cfm

[13] SAVORY S. Digital coherent optical receivers: algorithm and subsystems [J]. IEEE JOURNAL OF SELECTED TOPICS IN QUANTUM ELECTRONICS, 2010, 16(5): 1164-1179.

[14] 余建军,迟楠,陈林. 基于数字信号处理的相干光通信技术 [M]. 北京:人民邮电出版社, 2013.

[15] ZHANG X G, YU L, ZHENG Y. Two-stage adaptive PMD compensation in a 10 Gbit/s optical communication system using particle swarm optimization algorithm [J]. Optics Communications, 2004, 231(1-6): 233-242.

[16] ZHENG Y, ZHANG X G, ZHANG G T, etc. Automatic PMD compensation experiment with particle swarm optimization and adaptive dithering algorithms for 10-Gb/s NRZ and RZ formats [J]. IEEE Journal of Quantum Electronics, 2004, 40(4): 427-435.

[17] ZHANG X G, YU L, ZHENG Y, etc. Adaptive PMD compensation using PSO algorithm [C]. Proceedings of Optical Fiber Communication Conference (OFC), Los Angeles, California. 2004, ThF1.

[18] ZHANG X G, XI L X, YU L, etc. Two-stage adaptive PMD compensation in 40-Gb/s OTDM optical communication system using PSO algorithm [J]. Optical and Quantum Electronics, 2004, 36(12): 1089-1104.

[19] ZHANG X G, ZHENG Y, SHEN Y, etc. Particle Swarm Optimization Used as a Control Algorithm for Adaptive PMD Compensation [J]. IEEE Photonics Technology Letters, 2005, 17(1): 85-87.

[20] 张晓光,于丽,郑远,等. 自适应偏振模色散补偿装置. ZL 2003 1 0113564.8 [P]. 2004.11.10

[21] ZHANG X G, WENG X, Tian F, etc. Demonstration of PMD compensation by using a DSP-based OPMDC prototype in a 43-Gb/s RZ-DQPSK, 1200 km DWDM transmission [J]. Optics Communications, 2011, 284(18): 4156-4160.

[22] FHENG Y Q, LI L Q, LIN J C, etc. Joint tracking and equalization scheme for multi-polarization effects in coherent optical communication systems [J]. Optics Express, 2016, 24(22): 25491-25501.

第 2 章　偏振光的描述

2.1　偏振光的一般数学表示

光具有偏振特性，它的振动方向与传播方向垂直。设 z 轴为光的传播方向，则其电矢量 $\boldsymbol{E}$ 在 x、y 平面内。对于单色偏振光，其电矢量可以表示成：

$$\begin{cases} E_x = A_x \mathrm{e}^{\mathrm{j}(\omega t - kz + \varphi_x)} \\ E_y = A_y \mathrm{e}^{\mathrm{j}(\omega t - kz + \varphi_y)} \end{cases} \tag{2-1-1}$$

其中，A_x、A_y 是电矢量在 x、y 轴上的振幅分量，k 为传播常数，φ_x、φ_y 分别为 x、y 分量的初相位。定义 y 轴对 x 轴的相位差 $\delta = \varphi_y - \varphi_x$，经过消去参量 t 的运算，可以得到偏振光电矢量端点的轨迹方程：

$$\left(\frac{E_x}{A_x}\right)^2 + \left(\frac{E_y}{A_y}\right)^2 - 2\frac{E_x}{A_x} \cdot \frac{E_y}{A_y}\cos\delta = \sin^2\delta, \quad 0 \leqslant \delta < 2\pi \tag{2-1-2}$$

一般来讲，这是一个椭圆方程，描述椭圆偏振光，称其为偏振椭圆，其椭圆的倾斜取向以及左右旋转方向由相位差δ决定。在特定条件下，式(2-1-2)退化为圆或直线，代表圆偏振光和线偏振光。如当 $A_x = A_y$，且 $\delta = \pi/2, 3\pi/2$ 时分别代表右旋和左旋的圆偏振光；当 $\delta = 0, \pi$ 时表示线偏振光。

当 $x-y$ 坐标系为实验室固定坐标系，通过旋转可以得到椭圆偏振的主轴坐标系 $\xi-\eta$（也称本征坐标系），如图 2-1-1 所示。

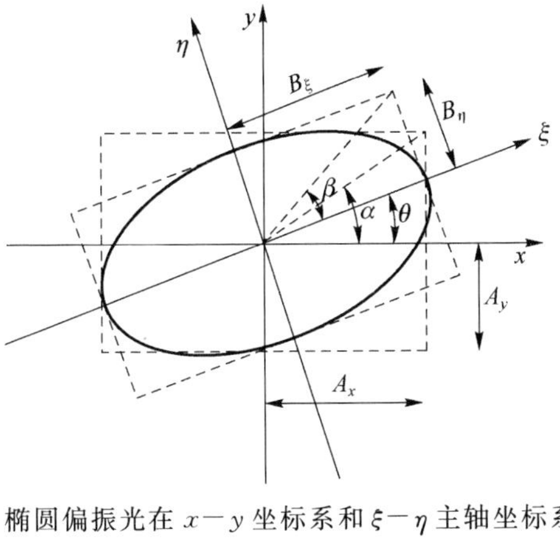

图 2-1-1　椭圆偏振光在 $x-y$ 坐标系和 $\xi-\eta$ 主轴坐标系间的变换

在图 2-1-1 中，两个坐标系之间夹角为 θ。在 $x-y$ 坐标系中椭圆外框长度为 $2A_x$、$2A_y$，对角线与 x 轴夹角为 α，$0°\leqslant\alpha\leqslant 90°$，$\tan\alpha=A_y/A_x$ 代表振幅比。在主轴坐标系 $\xi-\eta$ 中，椭圆外框长度为 $2B_\xi$、$2B_\eta$，对角线与 ξ 轴夹角为 β，$-45°\leqslant\beta\leqslant 45°$，$\tan\beta=\pm B_\eta/B_\xi$ 代表椭圆率，其中 β 取"＋"为右旋偏振光，β 取"－"为左旋偏振光。两坐标系之间的关系如下：

$$\begin{cases}\tan 2\theta=\tan 2\alpha\cos\delta\\ \sin 2\beta=\sin 2\alpha\sin\delta\\ B_\xi^2+B_\eta^2=A_x^2+A_y^2\end{cases}\tag{2-1-3}$$

其中，$0°\leqslant\alpha\leqslant 90°$，$0\leqslant\delta<2\pi$，$-45°\leqslant\beta\leqslant 45°$，$0\leqslant\theta<180°$。

表 2-1-1 在 α、β、δ 参数取不同值时对应的各种偏振态

Ⅰ Ⅲ象限线	右旋椭圆			Ⅱ Ⅳ象限线	左旋椭圆		
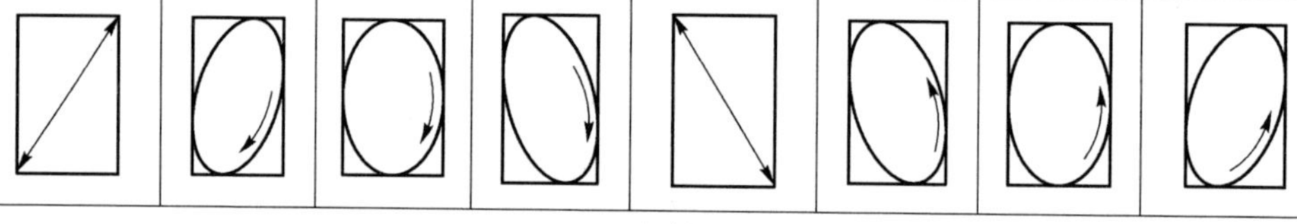							
$\tan\alpha=A_y/A_x\neq 1$							
$\delta=0$	$0<\delta<\pi/2$	$\delta=\pi/2$	$\pi/2<\delta<\pi$	$\delta=\pi$	$\pi<\delta<3\pi/2$	$\delta=3\pi/2$	$3\pi/2<\delta<2\pi$
$\beta=0°$	$0°<\beta<45°$			$\beta=0°$	$-45°<\beta<0°$		
45°线偏振	右旋椭圆	右旋圆偏振	右旋椭圆	−45°线偏振	左旋椭圆	左旋圆偏振	左旋椭圆
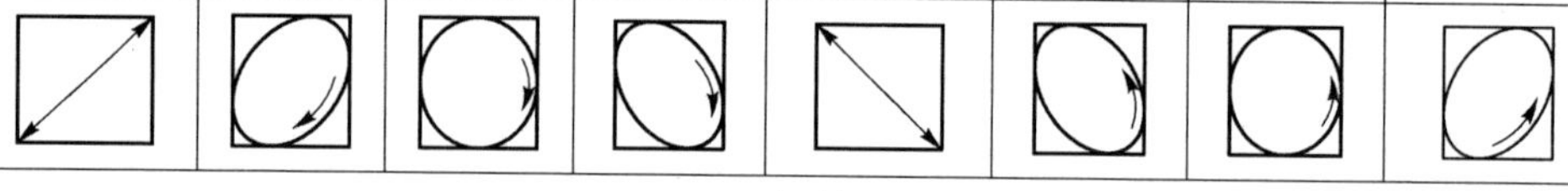							
$\tan\alpha=A_y/A_x=1$							
$\delta=0$	$0<\delta<\pi/2$	$\delta=\pi/2$	$\pi/2<\delta<\pi$	$\delta=\pi$	$\pi<\delta<3\pi/2$	$\delta=3\pi/2$	$3\pi/2<\delta<2\pi$
$\beta=0°$	$0°<\beta<45°$	$\beta=45°$	$0°<\beta<45°$	$\beta=0°$	$-45°<\beta<0°$	$\beta=-45°$	$-45°<\beta<0°$

表 2-1-1 给出了 α、β、δ 参数取不同值时对应的各种偏振形态。

2.2 偏振光的琼斯矢量表示法

2.2.1 偏振光的琼斯矢量表示

琼斯矢量是 R. C. Jones 在 1941 年提出的偏振光表示法[1,2]。正如式(2-1-1)，单色完全偏振光可以用垂直于传播方向的两个正交分量表示，两个分量之间具有相位差 δ。将两个分量写成列矩阵形式，构成琼斯矢量

$$|\boldsymbol{E}\rangle=\begin{pmatrix}E_x\\E_y\end{pmatrix}=\begin{pmatrix}A_x e^{j(\omega t-kz+\varphi_x)}\\A_y e^{j(\omega t-kz+\varphi_y)}\end{pmatrix}\tag{2-2-1}$$

其中，$|\boldsymbol{E}\rangle$是狄拉克的右矢表示，其转置共轭矢量用一个左矢$\langle\boldsymbol{E}|$表示

$$\langle\boldsymbol{E}|=(E_x^*\quad E_y^*)\tag{2-2-2}$$

在式(2-2-1)中，略去指数部分的公共因子，并将振幅归一化后得到

$$|\boldsymbol{E}\rangle=\begin{pmatrix}\cos\alpha\\\sin\alpha e^{j\delta}\end{pmatrix}\tag{2-2-3}$$

其中，$\cos\alpha=A_x/\sqrt{A_x^2+A_y^2}$，$\sin\alpha=A_y/\sqrt{A_x^2+A_y^2}$是两个正交分量在$x$、$y$轴上的归一化投影值。表2-2-1列出了几种典型的偏振光的琼斯矢量。

表 2-2-1　典型偏振光的琼斯矢量

水平方向线偏振	垂直方向线偏振	45°方向线偏振	−45°方向线偏振	右旋圆偏振	左旋圆偏振
$\begin{pmatrix}1\\0\end{pmatrix}$	$\begin{pmatrix}0\\1\end{pmatrix}$	$\frac{1}{\sqrt{2}}\begin{pmatrix}1\\1\end{pmatrix}$	$\frac{1}{\sqrt{2}}\begin{pmatrix}1\\-1\end{pmatrix}$	$\frac{1}{\sqrt{2}}\begin{pmatrix}1\\j\end{pmatrix}$	$\frac{1}{\sqrt{2}}\begin{pmatrix}1\\-j\end{pmatrix}$

从图2-1-1可以看出，有两种描述偏振态的方法。一种是利用参数α(振幅比角度)与δ(分量相位差)的描述方法，其归一化的琼斯矩阵描述是式(2-2-3)，记为$|\boldsymbol{E}(\alpha,\delta)\rangle$。另一种是利用参数$\theta$(方位角)和$\beta$(椭圆率)的描述方法，记为$|E(\theta,\beta)\rangle$描述方法，它可以看成主轴坐标系里的椭圆率为$\beta$的椭圆通过旋转$\theta$角(旋转矩阵见式(2-2-11))得到的，它的归一化琼斯矢量可以表示成

$$|E(\theta,\beta)\rangle=\begin{pmatrix}\cos\theta&-\sin\theta\\\sin\theta&\cos\theta\end{pmatrix}\begin{pmatrix}\cos\beta\\j\sin\beta\end{pmatrix}=\begin{pmatrix}\cos\theta\cos\beta-j\sin\theta\sin\beta\\\sin\theta\cos\beta+j\cos\theta\sin\beta\end{pmatrix}\tag{2-2-4}$$

偏振态琼斯矢量的$|E(\alpha,\delta)\rangle$描述与$|E(\theta,\beta)\rangle$描述是等价的。在琼斯空间中$|E(\alpha,\delta)\rangle$描述更简洁。从2.3.2小节可知，$|E(\alpha,\delta)\rangle$描述与$|E(\theta,\beta)\rangle$描述可以分别对应斯托克斯空间的可视偏振态球表示和庞加莱球表示。

2.2.2　偏振器件的琼斯矩阵表示

对于一个偏振器件，在输入偏振态和输出偏振态之间可以用一个2×2琼斯矩阵$\boldsymbol{J}$表示这个偏振器件的作用：

$$|\boldsymbol{E}_{out}\rangle=\boldsymbol{J}|\boldsymbol{E}_{in}\rangle=\begin{pmatrix}j_1&j_2\\j_3&j_4\end{pmatrix}|\boldsymbol{E}_{in}\rangle\tag{2-2-5}$$

对于除了偏振片(或者偏振棱镜，起偏有损耗)外的无损偏振器件，这个琼斯变换矩阵应该是幺正矩阵$\boldsymbol{U}$

$$|\boldsymbol{E}_{out}\rangle=\boldsymbol{U}|\boldsymbol{E}_{in}\rangle=\begin{pmatrix}u_1&u_2\\u_3&u_4\end{pmatrix}|\boldsymbol{E}_{in}\rangle\tag{2-2-6}$$

$\boldsymbol{U}$ 是幺正矩阵，满足 $\boldsymbol{U}^{\dagger}\boldsymbol{U}=\boldsymbol{U}\boldsymbol{U}^{\dagger}=\boldsymbol{I}$，或者 $\boldsymbol{U}$ 的本征值绝对值为 1，或者 $\boldsymbol{U}$ 的行列式绝对值为 1。一种特别情形是 $\det(\boldsymbol{U})=+1$ 的 $\boldsymbol{U}$ 矩阵（也叫 Caley-Klein 形式的幺正矩阵），它具有形式

$$\boldsymbol{U}=\begin{pmatrix} u_1 & u_2 \\ -u_2^* & u_1^* \end{pmatrix},\quad |u_1|^2+|u_2|^2=1 \tag{2-2-7}$$

几种偏振器件的琼斯矩阵如下：

(1) 方位角为零的偏振片（部分偏振片或者完全偏振片）

部分偏振片：
$$\boldsymbol{P}_0=\begin{pmatrix} p_x & 0 \\ 0 & p_y \end{pmatrix} \tag{2-2-8}$$

光经过部分偏振片后 x 和 y 方向的振幅变为 p_xA_x 和 p_yA_y。

完全偏振片：
$$\boldsymbol{P}_0=\begin{pmatrix} 1 & 0 \\ 0 & 0 \end{pmatrix} \tag{2-2-9}$$

光经过完全偏振片后 x 和 y 方向的振幅变为 A_x 和 0。

(2) 方位角为零的相位延迟器（延迟 δ 相位）

$$\boldsymbol{U}_0(\gamma)=\begin{pmatrix} \mathrm{e}^{-\mathrm{j}\delta/2} & 0 \\ 0 & \mathrm{e}^{\mathrm{j}\delta/2} \end{pmatrix} \tag{2-2-10}$$

光经过相位延迟器（也叫波片、波晶片）后，两正交分量之间引入了 δ 的相位差。

(3) 偏振旋转器（将偏振椭圆旋转角度 θ）

偏振旋转器将偏振椭圆整体旋转 θ 角，从图 2-1-1 看，相当于从主轴坐标系 $\xi-\eta$ 到实验室坐标系 $x-y$ 的变换（以 $x-y$ 为视角）：

$$\boldsymbol{T}(\theta)=\begin{pmatrix} \cos\theta & -\sin\theta \\ \sin\theta & \cos\theta \end{pmatrix} \tag{2-2-11}$$

一个偏振器件在自身的本征坐标系 $\xi-\eta$ 描述是方便的。然而几个偏振器件级联使用时，要使用共同的实验室坐标 $x-y$ 作为共同的标准。这样在处理光通过某个偏振器件时（假定该偏振器件的本征坐标系 $\xi-\eta$ 相对于实验室坐标 $x-y$ 有 θ 的角度，如图 2-2-1 所示），首先考虑将实验室坐标 $x-y$ 下的输入光偏振态变换到所要通过的偏振器件的本征坐标系 $\xi-\eta$，再在本征坐标系 $\xi-\eta$ 下用该偏振器件零方位角的矩阵进行处理，最后再利用反变换回到实验室坐标系。从实验室坐标系 $x-y$ 到本征坐标系 $\xi-\eta$ 变换（以

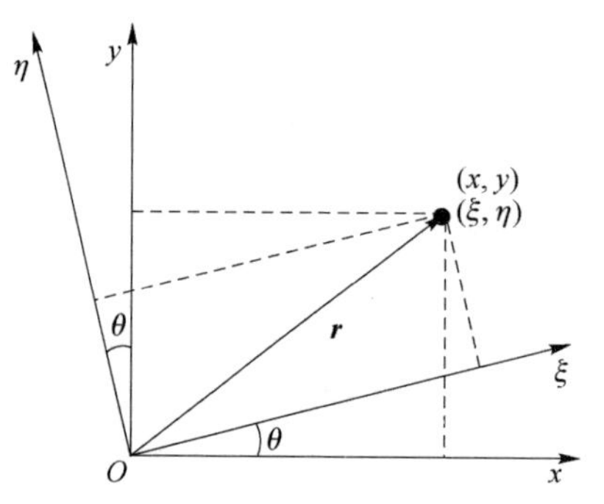

图 2-2-1　实验室坐标系与本征坐标系的关系

$\xi-\eta$ 为视角),显然是式(2-2-11)的反变换 $\boldsymbol{T}(-\theta)$。这样 θ 角方位的偏振器件的变换矩阵 $\boldsymbol{J}_\theta$ 与零方位角矩阵 $\boldsymbol{J}_0$ 的关系表示为

$$\boldsymbol{J}_\theta=\boldsymbol{T}(\theta)\boldsymbol{J}_0\boldsymbol{T}(-\theta) \tag{2-2-12}$$

比如方位角为 θ 的完全偏振片琼斯矩阵为

$$\begin{aligned}\boldsymbol{P}_\theta &=\boldsymbol{T}(\theta)\boldsymbol{P}_0\boldsymbol{T}(-\theta)\\ &\begin{pmatrix}\cos\theta & -\sin\theta\\ \sin\theta & \cos\theta\end{pmatrix}\begin{pmatrix}1 & 0\\ 0 & 0\end{pmatrix}\begin{pmatrix}\cos\theta & \sin\theta\\ -\sin\theta & \cos\theta\end{pmatrix}\\ &=\begin{pmatrix}\cos^2\theta & \sin\theta\cos\theta\\ \sin\theta\cos\theta & \sin^2\theta\end{pmatrix}\end{aligned} \tag{2-2-13}$$

方位角为 θ 的相位延迟器(延迟 δ 相位):

$$\begin{aligned}\boldsymbol{U}_\theta(\delta)&=\boldsymbol{T}(\theta)\boldsymbol{U}_0(\delta)\boldsymbol{T}(-\theta)\\ &=\begin{pmatrix}\cos^2\theta e^{-j\delta/2}+\sin^2\theta e^{j\delta/2} & -2j\sin\theta\cos\theta\sin(\delta/2)\\ -2j\sin\theta\cos\theta\sin(\delta/2) & \sin^2\theta e^{-j\delta/2}+\cos^2\theta e^{j\delta/2}\end{pmatrix}\end{aligned} \tag{2-2-14}$$

当 $\theta=45^\circ$时,

$$\boldsymbol{U}_{45^\circ}(\delta)=\begin{pmatrix}\cos(\delta/2) & -j\sin(\delta/2)\\ -j\sin(\delta/2) & \cos(\delta/2)\end{pmatrix} \tag{2-2-15}$$

2.3 偏振光的斯托克斯矢量表示法

2.3.1 偏振光的斯托克斯矢量表示

偏振光不仅可以用琼斯矢量描述,还可以用斯托克斯(Stokes)矢量描述,是1852年由 George Gabriel Stokes 提出的[3]。Stokes 矢量是一个四维矢量,表示成:

$$\boldsymbol{S}=\begin{pmatrix}S_0\\ S_1\\ S_2\\ S_3\end{pmatrix} \tag{2-3-1}$$

其中,S_0、S_1、S_2、S_3 称为 Stokes 参量,定义为

$$\begin{cases}S_0=<|E_x(t)|^2+|E_y(t)|^2>=I_x+I_y\\ S_1=<|E_x(t)|^2-|E_y(t)|^2>=I_x-I_y\\ S_2=2<|E_x(t)E_y(t)|\cos\delta>=I_{+45^\circ}-I_{-45^\circ}\\ S_3=2<|E_x(t)E_y(t)|\sin\delta>=I_{Q,+45^\circ}-I_{Q,-45^\circ}\end{cases} \tag{2-3-2}$$

$E_i(t)$，$i=x$，y 是电场在 x、y 方向的分量。$\delta=\varphi_y(t)-\varphi_x(t)$ 是相对相位差。$\langle\cdot\rangle$ 代表取时间平均值。参量 S_0 代表光的光强，I_x 和 I_y 分别是光透过水平和垂直放置偏振片时接收到的光强；$I_{+45°}$ 和 $I_{-45°}$ 分别是光透过±45°放置偏振片时的光强；$I_{Q,+45°}$ 和 $I_{Q,-45°}$ 分别是在±45°偏振片之前放置 1/4 波片测到的光强。通过如图 2-3-1 所示的偏振仪(Polarimeter，也叫检偏仪)可以检测光偏振态的 Stokes 参量。偏振仪将接收到的光信号分成三路，第一路和第二路放置一个 0°角或 45°角的偏振分束器，可以分别得到 S_0、S_1、S_2。在第三路中再加一个 1/4 波片，可以得到 S_3。

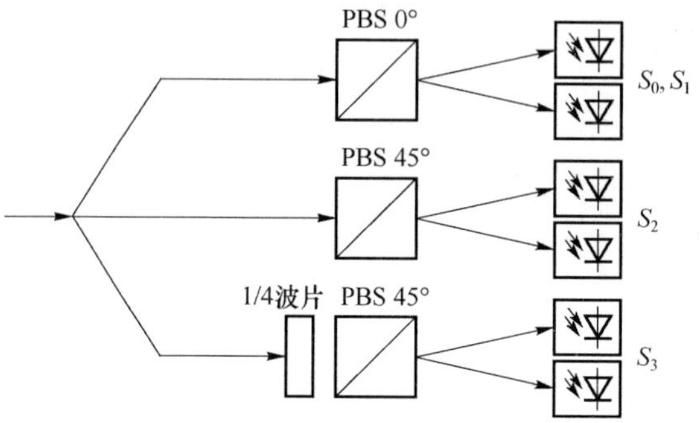

图 2-3-1　偏振仪的内部结构

表 2-3-1 是一些典型的偏振态的 Stokes 矢量。

表 2-3-1　典型偏振光的 Stokes 矢量

自然光	线偏振光 水平	线偏振光 垂直	线偏振光 45°	线偏振光 −45°	圆偏振光 右旋	圆偏振光 左旋
$\begin{pmatrix}1\\0\\0\\0\end{pmatrix}$	$\begin{pmatrix}1\\1\\0\\0\end{pmatrix}$	$\begin{pmatrix}1\\-1\\0\\0\end{pmatrix}$	$\begin{pmatrix}1\\0\\1\\0\end{pmatrix}$	$\begin{pmatrix}1\\0\\-1\\0\end{pmatrix}$	$\begin{pmatrix}1\\0\\0\\1\end{pmatrix}$	$\begin{pmatrix}1\\0\\0\\-1\end{pmatrix}$

对于完全偏振光，有如下的关系：

$$S_0^2=S_1^2+S_2^2+S_3^2 \tag{2-3-3}$$

对部分偏振光，有如下关系：

$$S_0^2>S_1^2+S_2^2+S_3^2 \tag{2-3-4}$$

特别地，对于自然光，有

$$S_1^2+S_2^2+S_3^2=0 \tag{2-3-5}$$

可以按式(2-3-6)得到光的偏振度(Degree of Polarization，DOP)——整个强度中完全偏振光强度所占的比例：

$$\text{DOP}=\frac{\sqrt{S_1^2+S_2^2+S_3^2}}{S_0} \tag{2-3-6}$$

由式(2-3-3)，对于完全偏振光 S_0 并不是一个独立的分量，因此往往用三维矢量表示完全偏振光

$$\boldsymbol{S}=\begin{pmatrix}S_1\\S_2\\S_3\end{pmatrix} \tag{2-3-7}$$

其 Stokes 参量可以写成：

$$\begin{aligned}S_1&=E_xE_x^*-E_yE_y^*\\S_2&=E_xE_y^*+E_yE_x^*\\S_3&=\mathrm{j}(E_xE_y^*-E_yE_x^*)\end{aligned} \tag{2-3-8}$$

S_1-S_2-S_3 所张的空间称为斯托克斯空间(Stokes Space)。

可见，偏振态可以用琼斯空间的琼斯矢量表示，也可以用斯托克斯空间的斯托克斯矢量表示。两个空间偏振态表示的相互变换是重要的。

(1) 琼斯矢量到斯托克斯矢量的变换[4,5]

式(2-3-8)可以看成是偏振态的琼斯矢量表示到斯托克斯矢量表示的变换。我们往往还需要更加直观的变换式，即一目了然地显示琼斯矢量 $|\boldsymbol{E}\rangle$ 到斯托克斯矢量 $\boldsymbol{S}$ 的变换式。为了这个目的，需要引入泡利(Pauli)矩阵

$$\boldsymbol{\sigma}_1=\begin{pmatrix}1&0\\0&-1\end{pmatrix},\quad \boldsymbol{\sigma}_2=\begin{pmatrix}0&1\\1&0\end{pmatrix},\quad \boldsymbol{\sigma}_3=\begin{pmatrix}0&-\mathrm{j}\\\mathrm{j}&0\end{pmatrix} \tag{2-3-9}$$

泡利矩阵是量子力学中研究电子自旋用到的数学方法。泡利矩阵是厄米矩阵和幺正矩阵，满足

$$\boldsymbol{\sigma}_i^\dagger=\boldsymbol{\sigma}_i \text{以及} \boldsymbol{\sigma}_i^\dagger\boldsymbol{\sigma}_i=\boldsymbol{\sigma}_i\boldsymbol{\sigma}_i^\dagger=\boldsymbol{I},\quad i=1,\ 2,\ 3 \tag{2-3-10}$$

泡利矩阵还满足

$$\boldsymbol{\sigma}_i\boldsymbol{\sigma}_j=\begin{cases}\boldsymbol{I}, & i=j\\ -\boldsymbol{\sigma}_j\boldsymbol{\sigma}_i=\mathrm{j}\boldsymbol{\sigma}_k, & i\neq j\neq k\end{cases} \tag{2-3-11}$$

其中，(i,j,k) 满足(1→2→3)的轮换关系。比如 $i=1,j=2$，则 $k=3$；而如果 $i=2,j=3$，则 $k=1$。

借助泡利矩阵，式(2-3-8)可以写成如下的形式

$$S_i=\langle\boldsymbol{E}|\boldsymbol{\sigma}_i|\boldsymbol{E}\rangle=(E_x,E_y)^*\boldsymbol{\sigma}_i\begin{pmatrix}E_x\\E_y\end{pmatrix} \tag{2-3-12}$$

比如 $\langle\boldsymbol{E}|\boldsymbol{\sigma}_1|\boldsymbol{E}\rangle=(E_x^*,E_y^*)\begin{pmatrix}1&0\\0&-1\end{pmatrix}\begin{pmatrix}E_x\\E_y\end{pmatrix}=E_xE_x^*-E_yE_y^*=S_1$。定义矢量 $\boldsymbol{\sigma}=(\boldsymbol{\sigma}_1,\boldsymbol{\sigma}_2,\boldsymbol{\sigma}_3)^{\mathrm{T}}$，则式(2-3-12)可以写成矢量形式：

$$\boldsymbol{S}=\langle\boldsymbol{E}|\boldsymbol{\sigma}|\boldsymbol{E}\rangle \tag{2-3-13}$$

式(2-3-12)和式(2-3-13)是偏振光从琼斯矢量表示法到斯托克斯矢量表示法

的变换式[5]。

(2) 斯托克斯矢量到琼斯矢量的变换[4,5]

同样由偏振光的斯托克斯矢量表示也可以求其琼斯矢量表示,可以证明:

$$|\boldsymbol{E}\rangle = \boldsymbol{S}\cdot\boldsymbol{\sigma}\,|\boldsymbol{E}\rangle = \sum_{i=1}^{3} S_i\sigma_i\,|\boldsymbol{E}\rangle \tag{2-3-14}$$

其中,

$$\begin{aligned}\boldsymbol{S}\cdot\boldsymbol{\sigma} &= S_1\sigma_1 + S_2\sigma_2 + S_3\sigma_3\\ &= S_1\begin{pmatrix}1 & 0\\ 0 & -1\end{pmatrix} + S_2\begin{pmatrix}0 & 1\\ 1 & 0\end{pmatrix} + S_3\begin{pmatrix}0 & -\mathrm{j}\\ \mathrm{j} & 0\end{pmatrix}\\ &= \begin{pmatrix}S_1 & S_2-\mathrm{j}S_3\\ S_2+\mathrm{j}S_3 & -S_1\end{pmatrix}\end{aligned} \tag{2-3-15}$$

式(2-3-14)表示:琼斯矢量$|\boldsymbol{E}\rangle$是矩阵$\boldsymbol{S}\cdot\boldsymbol{\sigma}$的本征矢量,对应的本征值是$+|\boldsymbol{S}|$。即当已知斯托克斯矢量$\boldsymbol{S}$时,通过式(2-3-14)求本征矢量,对应本征值$+|\boldsymbol{S}|$的本征矢量就是$|\boldsymbol{E}\rangle$。

还可以由式(2-3-16)从偏振光的斯托克斯矢量表示得到琼斯矢量表示[5]

$$|\boldsymbol{E}\rangle = C\begin{pmatrix}\sqrt{\dfrac{1}{2}\left(1+\dfrac{S_1}{S_0}\right)}\\ \sqrt{\dfrac{1}{2}\left(1-\dfrac{S_1}{S_0}\right)}\exp\left[\mathrm{j}\arctan\left(\dfrac{S_3}{S_2}\right)\right]\end{pmatrix} \tag{2-3-16}$$

其中,有一个复常数C可变。

2.3.2 偏振光的庞加莱球表示

庞加莱球是偏振光的一种非常直观的实用图示法,它是在1892年由著名的法国数学兼物理学家Henri Poincaré建立的[6],他将偏振光的斯托克斯矢量用庞加莱球上的点来表示。

将式(2-1-3)代入式(2-3-8),可以得到斯托克斯参量的如下关系:

$$\begin{cases}S_1 = S_0\cos 2\beta\cos 2\theta\\ S_2 = S_0\cos 2\beta\sin 2\theta\\ S_3 = S_0\sin 2\beta\end{cases} \tag{2-3-17}$$

式(2-3-17)显示出斯托克斯各参量之间的关系,非常类似于直角坐标系与球坐标系的变换关系,因此可以用球坐标对偏振光斯托克斯参量进行表示,构成如图2-3-2的庞加莱球,它是以S_1-S_2-S_3的顺序构建的坐标系。

在庞加莱球上各种参数表示如下:

(1) 纬度2β与椭圆率相对应,经度2θ于椭圆主轴坐标方位相对应。

(2) $\tan(\angle FGS)=S_3/S_2=\tan\delta$,$\cos(\angle GOS)=S_1/S_0=\cos 2\alpha$。两个角度分别

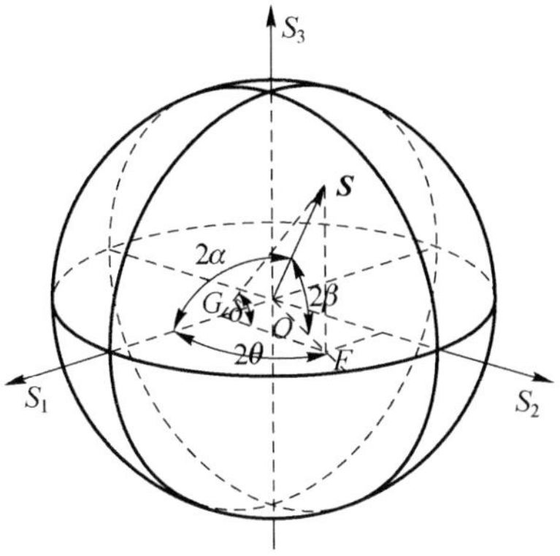

图 2-3-2 偏振光的庞加莱球表示

与偏振光两正交分量之间的相位差、偏振光在 $x-y$ 轴分量的振幅比相对应。

各种偏振态在庞加莱球上的位置如下：

(1) 赤道上各点，椭圆率 $\beta=0$，代表各种线偏振光。S_1 轴的正方向和负方向分别代表水平和垂直的线偏振光，S_2 轴的正方向和负方向分别代表 45°和−45°的线偏振光。

(2) 上半球各点 $0°<\beta<45°$，表示右旋椭圆偏振光，北极 $\beta=45°$，表示右旋圆偏振光；下半球各点 $-45°<\beta<0°$，表示左旋椭圆偏振光，南极 $\beta=-45°$，表示左旋圆偏振光。

(3) 庞加莱球面上的相对于中心对称的两点代表一对正交偏振光，可以构成一对正交基。

(4) 完全偏振光在庞加莱球的表面，部分偏振光在庞加莱球的内部。

如果将庞加莱球用光强 S_0 归一化，则庞加莱球上的偏振态唯一地由角坐标 $\{2\theta,2\beta\}$ 决定，非常直观，因此琼斯空间的 $|\boldsymbol{E}(\theta,\beta)\rangle$ 偏振态描述在对应到庞加莱球上非常直观。偏振椭圆的参数 (θ,β) 与斯托克斯参量的关系为

$$\begin{cases}\tan 2\theta=\dfrac{S_2}{S_1}, & 0°\leqslant\theta\leqslant180° \\ \sin 2\beta=\dfrac{S_3}{S_0}, & -45°\leqslant\beta\leqslant45°\end{cases} \tag{2-3-18}$$

即通过庞加莱球上的斯托克斯参量可以求得 (θ,β) 下的琼斯空间的 $|\boldsymbol{E}(\theta,\beta)\rangle$ 偏振态描述[式(2-2-4)]。

从图 2-3-2 可以看出，以参量 (α,δ) 表示的偏振态 $|\boldsymbol{E}(\alpha,\delta)\rangle$ 在普通庞加莱球里体现得并不直观。但是经计算可得

$$\begin{cases}S_1=S_0\cos 2\alpha \\ S_2=S_0\sin 2\alpha\cos\delta \\ S_3=S_0\sin 2\alpha\sin\delta\end{cases}\Rightarrow\begin{cases}S_2=S_0\sin 2\alpha\cos\delta \\ S_3=S_0\sin 2\alpha\sin\delta \\ S_1=S_0\cos 2\alpha\end{cases} \tag{2-3-19}$$

按照式(2-3-19)，如果以 S_2-S_3-S_1 的顺序构建斯托克斯空间的坐标轴，可以得到所谓可视偏振态球(Observable Polarization Sphere)，如图 2-3-3 所示。可视偏振态球很好地将琼斯空间的偏振态 $|\boldsymbol{E}(\alpha,\delta)\rangle$ 映射到斯托克斯空间。2α 角(α 角是振幅比角)是斯托克斯矢量 $\boldsymbol{S}$ 与 z 轴(S_1 轴)之间的夹角，δ 角(相位差角)是斯托克斯矢量 $\boldsymbol{S}$ 在赤道平面内投影与 x 轴(S_2 轴)之间的夹角。参量(α,δ)与斯托克斯参量关系为

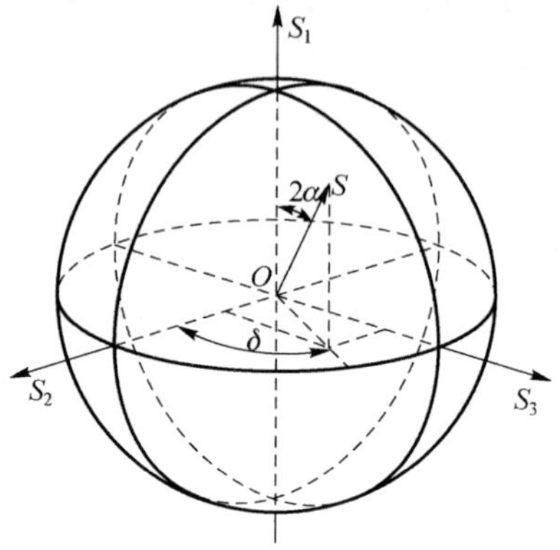

图 2-3-3 可视偏振态球

$$\begin{cases}\cos 2\alpha=\dfrac{S_1}{S_0}, & 0^\circ\leqslant\alpha\leqslant 90^\circ\\[2ex] \tan\delta=\dfrac{S_3}{S_2}, & 0\leqslant\delta\leqslant 2\pi\end{cases} \tag{2-3-20}$$

因此，将偏振态的琼斯矢量映射到斯托克斯空间时，用庞加莱球可以直观地表示琼斯空间的 $|\boldsymbol{E}(\theta,\beta)\rangle$ 偏振态，而用可视偏振态球可以直观地表示琼斯空间的 $|\boldsymbol{E}(\alpha,\delta)\rangle$ 偏振态。

由式(2-3-20)可知：

$$\begin{cases}\cos\alpha=\sqrt{\dfrac{1}{2}(1+\cos 2\alpha)}=\sqrt{\dfrac{1}{2}\left(1+\dfrac{S_1}{S_0}\right)}\\[2ex] \sin\alpha=\sqrt{\dfrac{1}{2}(1-\cos 2\alpha)}=\sqrt{\dfrac{1}{2}\left(1-\dfrac{S_1}{S_0}\right)}\\[2ex] \delta=\arctan\left(\dfrac{S_3}{S_2}\right)\end{cases} \tag{2-3-21}$$

这就是 2.3.1 小节式(2-3-16)的来源。

2.3.3 偏振器件的米勒矩阵表示

同样，在斯托克斯空间里，对于一个偏振器件，输入偏振态和输出偏振态之间也可以用一个 3×3 米勒矩阵(Mueller Matrix)$\boldsymbol{R}$ 表示这个偏振器件的作用：

$$\boldsymbol{S}_{\text{out}}=\boldsymbol{R}\boldsymbol{S}_{\text{in}} \tag{2-3-22}$$

可以证明，除了偏振片以外的偏振器件，作用在庞加莱球上都可以用旋转来表示，即 $\boldsymbol{R}$ 矩阵是旋转矩阵。

在庞加莱球上，$\boldsymbol{RS}$ 的作用相当于矢量 $\boldsymbol{S}$ 绕一个旋转轴 $\hat{\boldsymbol{r}}=(r_1,r_2,r_3)^{\mathrm{T}}$（单位矢量）右旋一个角度 φ（如图 2-3-4 所示）。其中庞加莱球上的旋转角可以是延迟相位 $\varphi=\delta$ 或旋转器旋转角 $\varphi=2\theta$，等等。

可以证明：在斯托克斯空间围绕单位矢量 $\hat{\boldsymbol{r}}$ 旋转角度 φ 的矩阵 $\boldsymbol{R}$ 可以表示成[4,5]

$$\boldsymbol{R}=(\cos\varphi)I+(1-\cos\varphi)(\hat{\boldsymbol{r}}\hat{\boldsymbol{r}}\cdot)+(\sin\varphi)(\hat{\boldsymbol{r}}\times) \tag{2-3-23}$$

其中，

$$\hat{\boldsymbol{r}}\hat{\boldsymbol{r}}\cdot=\begin{pmatrix} r_1r_1 & r_1r_2 & r_1r_3 \\ r_2r_1 & r_2r_2 & r_2r_3 \\ r_3r_1 & r_3r_2 & r_3r_3 \end{pmatrix},\quad \hat{\boldsymbol{r}}\times=\begin{pmatrix} 0 & -r_3 & r_2 \\ r_3 & 0 & -r_1 \\ -r_2 & r_1 & 0 \end{pmatrix} \tag{2-3-24}$$

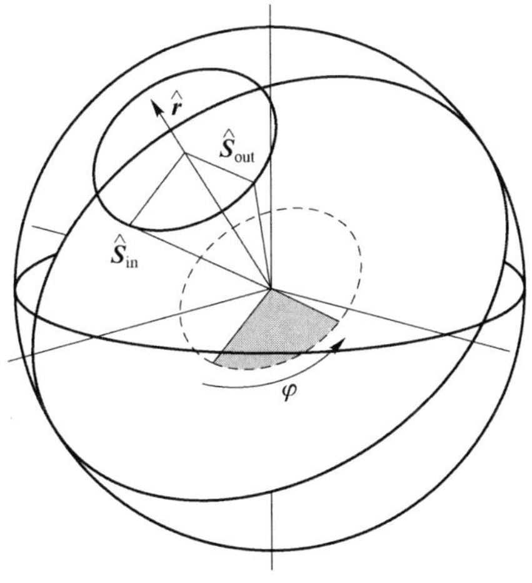

图 2-3-4 米勒矩阵 $\boldsymbol{R}$ 的作用是将输入偏振态 $\hat{\boldsymbol{S}}_{\text{in}}$ 绕旋转轴 $\hat{\boldsymbol{r}}$ 旋转角度 φ

下面介绍一些琼斯空间的变换幺正矩阵 $\boldsymbol{U}$ 与斯托克斯空间的旋转矩阵 $\boldsymbol{R}$ 之间的变换关系。

(1) $\boldsymbol{U}\rightarrow\boldsymbol{R}$

由本章参考文献[4,5]可得关系式：

$$\boldsymbol{R\sigma}=\boldsymbol{U}^{\dagger}\boldsymbol{\sigma U} \tag{2-3-25}$$

式(2-3-25)可以看成琼斯空间变换幺正矩阵 $\boldsymbol{U}$ 到斯托克斯空间旋转矩阵 $\boldsymbol{R}$ 的变换，其展开形式如下：

$$\begin{pmatrix} R_{11} & R_{12} & R_{13} \\ R_{21} & R_{22} & R_{23} \\ R_{31} & R_{32} & R_{33} \end{pmatrix}\begin{pmatrix} \sigma_1 \\ \sigma_2 \\ \sigma_3 \end{pmatrix}=\begin{pmatrix} \boldsymbol{U}^{\dagger}\boldsymbol{\sigma}_1\boldsymbol{U} \\ \boldsymbol{U}^{\dagger}\boldsymbol{\sigma}_2\boldsymbol{U} \\ \boldsymbol{U}^{\dagger}\boldsymbol{\sigma}_3\boldsymbol{U} \end{pmatrix} \tag{2-3-26}$$

其更直接的形式为

$$R_{jk}=\frac{1}{2}\mathrm{Tr}(\boldsymbol{U}\boldsymbol{\sigma}_k\boldsymbol{U}^{\dagger}\boldsymbol{\sigma}_j) \tag{2-3-27}$$

其中，Tr(•)表示矩阵求迹。

还可以用如下方法建立琼斯矩阵和米勒矩阵之间的变换[7]。由于非损耗的琼斯矩阵是幺正矩阵，必然可以表示成如下形式：

$$\boldsymbol{U}=\begin{pmatrix} A-\mathrm{j}B & -C-\mathrm{j}D \\ C-\mathrm{j}D & A+\mathrm{j}B \end{pmatrix} \tag{2-3-28}$$

其中，A、B、C、D 均为实数，且满足 $A^2+B^2+C^2+D^2=1$，则变换到米勒矩阵为

$$\boldsymbol{R}=\begin{pmatrix} A^2+B^2-C^2-D^2 & 2(BD-AC) & 2(AD+BC) \\ 2(AC+BD) & A^2+D^2-B^2-C^2 & 2(CD-AB) \\ 2(BC-AD) & 2(AB+CD) & A^2+C^2-B^2-D^2 \end{pmatrix} \tag{2-3-29}$$

可以根据式(2-3-23)、式(2-3-27)或者式(2-3-29)中的任意一个公式，得到斯托克斯空间的旋转矩阵。

相应于方位角为零的相位延迟器琼斯矩阵 $\boldsymbol{U}_0(\delta)$，其米勒矩阵是绕 S_1 轴旋转 δ 的旋转矩阵：

$$\boldsymbol{R}_1=\begin{pmatrix} 1 & 0 & 0 \\ 0 & \cos\delta & -\sin\delta \\ 0 & \sin\delta & \cos\delta \end{pmatrix} \tag{2-3-30}$$

相应于偏振旋转器，其米勒矩阵是绕 S_3 轴旋转 2θ 的旋转矩阵：

$$\boldsymbol{R}_2=\begin{pmatrix} \cos 2\theta & -\sin 2\theta & 0 \\ \sin 2\theta & \cos 2\theta & 0 \\ 0 & 0 & 1 \end{pmatrix} \tag{2-3-31}$$

相应于45°的相位延迟器 $U_{45^\circ}(\delta)$，其米勒矩阵是绕 S_2 轴旋转 δ 的旋转矩阵：

$$\boldsymbol{R}_3=\begin{pmatrix} \cos\delta & 0 & \sin\delta \\ 0 & 1 & 0 \\ -\sin\delta & 0 & \cos\delta \end{pmatrix} \tag{2-3-32}$$

(2) $\boldsymbol{R}\rightarrow\boldsymbol{U}$

如果知道斯托克斯空间的一个旋转过程是围绕单位矢量 $\hat{\boldsymbol{r}}$ 旋转角度 φ，则对应到琼斯空间，其琼斯幺正矩阵如下[4,5]：

$$\begin{aligned} \boldsymbol{U} &=\exp(-\mathrm{j}(\varphi/2)(\hat{\boldsymbol{r}}\cdot\boldsymbol{\sigma})) \\ &=(\cos(\varphi/2))\boldsymbol{I}-\mathrm{j}(\sin(\varphi/2))(\hat{\boldsymbol{r}}\cdot\boldsymbol{\sigma}) \end{aligned} \tag{2-3-33}$$

琼斯还构造了一个从三组输入输出斯托克斯矢量得到琼斯变换矩阵的实验测量方法[1,2,8]。如图2-3-5所示，从三个特定输入偏振态 $\boldsymbol{S}_a=(1\quad 1\quad 0\quad 0)^{\mathrm{T}}$（水平偏振）、$\boldsymbol{S}_b=(1\quad -1\quad 0\quad 0)^{\mathrm{T}}$（垂直偏振）、$\boldsymbol{S}_c=(1\quad 0\quad 1\quad 0)^{\mathrm{T}}$（45°偏振），测量经过相

应变换(对应米勒矩阵)后的输出偏振态 $\boldsymbol{S}'_a$、$\boldsymbol{S}'_b$、$\boldsymbol{S}'_c$，再通过式(2-3-16)计算出相应的三个输出琼斯矢量 $|\boldsymbol{E}'_a\rangle$、$|\boldsymbol{E}'_b\rangle$、$|\boldsymbol{E}'_c\rangle$，从而得到琼斯变换矩阵。

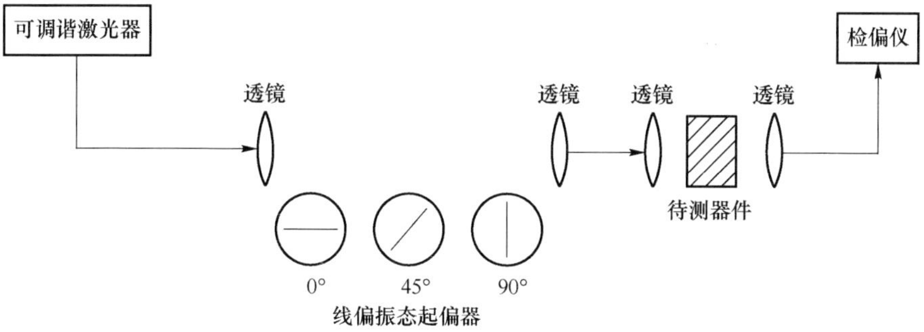

图 2-3-5 琼斯利用三组偏振态(水平偏振、垂直偏振、45°偏振)得到待测器件琼斯变换矩阵的装置

$$\begin{bmatrix}\boldsymbol{S}_a\\ \boldsymbol{S}_b\\ \boldsymbol{S}_c\end{bmatrix}\xrightarrow{\text{测量}}\begin{bmatrix}\boldsymbol{S}'_a\\ \boldsymbol{S}'_b\\ \boldsymbol{S}'_c\end{bmatrix}\xrightarrow{\text{式(2-3-16)}}\begin{bmatrix}|\boldsymbol{E}'_a\rangle\\ |\boldsymbol{E}'_b\rangle\\ |\boldsymbol{E}'_c\rangle\end{bmatrix} \tag{2-3-34}$$

从上面输出的三个琼斯矢量得到如下的 4 个复系数：

$$k_1=\frac{E'_{xa}}{E'_{ya}},\quad k_2=\frac{E'_{xb}}{E'_{yb}},\quad k_3=\frac{E'_{xc}}{E'_{yc}},\quad k_4=\frac{k_3-k_2}{k_1-k_3} \tag{2-3-35}$$

则相应的琼斯矩阵如下：

$$\boldsymbol{U}=C\begin{pmatrix}k_1k_4 & k_2\\ k_4 & 1\end{pmatrix} \tag{2-3-36}$$

其中，C 是复常数。这个方法是 4.2.2 小节利用琼斯矩阵特征值分析法测量偏振模色散的基础。

2.4 偏振控制器的数学描述

偏振控制器是控制偏振态的器件，它可以用来产生所需要的任意偏振态，还可以用来将一个任意偏振态转化为另一个任意的偏振态。偏振控制器是光纤通信系统中不可缺少的器件。

目前市面上可以买到的商用偏振控制器有 General Photonic 公司的光纤挤压式偏振控制器 PolaRITE™ Ⅲ、EOSPACE 公司的 $LiNbO_3$ 电光调制型偏振控制器、BA-Ti 公司的 PCM-410 偏振控制器。PolaRITE™ Ⅲ 是全光纤型的，因此插入损耗非常小，只有 0.05 dB，每个波片相位可调范围达 5π，控制响应时间小于 30 μs。EOSPACE 偏振控制器是波导型的，插损较大，2～3 dB，但是响应速度极快(小于 100 ns)。PCM-410 插损居中，为 0.8 dB，每个波片相位可调范围为 1.5π，响应时间小于 30 μs。

商用偏振控制器大致分为两类，如图 2-4-1 所示。一类偏振控制器由一组四分之一波片(λ/4)、二分之一波片(λ/2)、四分之一波片(λ/4)级联而成，或等效的三个波片级联，如图 2-4-1(a)所示。图中第一行和第二行为手动偏振控制器。第一行偏振控制器的波片不是光纤型的，需要利用透镜进行光纤与空间光路的对准。第二行的偏振控制器是光纤型的，由光纤弯曲产生双折射。第三行是铌酸锂波导型的电控的偏振控制器。图 2-4-1(a)所示的偏振控制器可以归结为相位差固定，波片角度可调的类型。其变换矩阵可以用 $R(\theta_1,\pi/2)$、$R(\theta_2,\pi)$和 $R(\theta_3,\pi/2)$表示，其中 θ_1、θ_2、θ_3 分别是可调谐的角度。另一类偏振控制器由一系列取向固定，相位差可调的波片级联而成，如图 2-4-1(b)所示。有些偏振控制器的波片是由电压控制电光晶体产生电光效应来调整相位差，如图中的第一行；有些偏振控制器的波片是由电压控制挤压光纤的程度，在光纤中产生不同的双折射，从而改变相位差，如图中的第二行。图 2-4-1(b)所示的偏振控制器可以归结为取向固定、相位差可调的偏振控制器，其变换矩阵可以用 $T(0°,\phi_1)$、$T(45°,\phi_2)$与 $T(0°,\phi_3)$表示，其中 $2\phi_1$、$2\phi_2$、$2\phi_3$ 分别为可调谐的相位差。图 2-4-1(b)中的第四个波片是用来解决偏振控制器重置问题的。

对于相位固定-角度可调的偏振控制器，即以 λ/4、λ/2、λ/4 级联的偏振控制器。参见 2.2.2 小节，在实验室坐标系中，λ/2 波片与 λ/4 波片对应的琼斯矩阵分别为

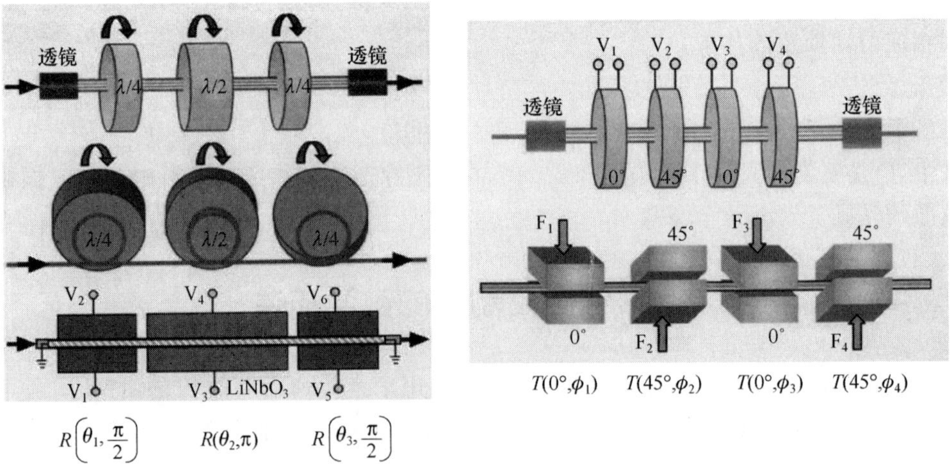

(a) 相位固定-角度可调偏振控制器　　(b) 方位固定-相位可调偏振控制器

图 2-4-1　两类不同的偏振控制器

$$\begin{bmatrix} \cos\theta_h & -\sin\theta_h \\ \sin\theta_h & \cos\theta_h \end{bmatrix} \begin{bmatrix} \exp\left(-\mathrm{j}\,\dfrac{\pi}{2}\right) & 0 \\ 0 & \exp\left(\mathrm{j}\,\dfrac{\pi}{2}\right) \end{bmatrix} \begin{bmatrix} \cos\theta_h & \sin\theta_h \\ -\sin\theta_h & \cos\theta_h \end{bmatrix} \tag{2-4-1}$$

$$\begin{pmatrix} \cos\theta_q & -\sin\theta_q \\ \sin\theta_q & \cos\theta_q \end{pmatrix} \begin{pmatrix} \exp\left(-j\frac{\pi}{4}\right) & 0 \\ 0 & \exp\left(j\frac{\pi}{4}\right) \end{pmatrix} \begin{pmatrix} \cos\theta_q & \sin\theta_q \\ -\sin\theta_q & \cos\theta_q \end{pmatrix} \quad (2\text{-}4\text{-}2)$$

其中，θ_h 与 θ_q 分别为 $\lambda/2$ 波片与 $\lambda/4$ 波片的方位角。

对于取向固定相位可调的偏振控制器，即方位角分别为 0°、45°、0°、45°四个波片级联的偏振控制器。这里只讨论使用前三个波片，因为第四个波片的作用一般为了避免重置偏振控制器所设。设三个波片的相位延迟分别为 $2\phi_1$、$2\phi_2$ 与 $2\phi_3$，它们一般正比于控制电压。三个波片的变换矩阵分别为

$$\begin{pmatrix} \exp(-j\phi_1) & 0 \\ 0 & \exp(j\phi_1) \end{pmatrix} \quad (2\text{-}4\text{-}3)$$

$$\begin{pmatrix} \cos\phi_2 & -j\sin\phi_2 \\ -j\sin\phi_2 & \cos\phi_2 \end{pmatrix} \quad (2\text{-}4\text{-}4)$$

$$\begin{pmatrix} \exp(-j\phi_3) & 0 \\ 0 & \exp(j\phi_3) \end{pmatrix} \quad (2\text{-}4\text{-}5)$$

偏振控制器在光纤通信系统中的光域偏振模色散补偿器中是不可缺少的重要器件(参见本书 5.1.2 小节)。在本章参考文献[9]中，M. Karsson 教授等人提出：对于偏振模色散补偿器中的每一单元中的偏振控制器，只要控制其中的两个波片(即两个自由度控制)，就可以完成偏振模色散的补偿。等价地说，利用偏振控制器做偏振态的变换，只要调整两个自由度，就可以使庞加莱球上的任意偏振状态变换到其他任意偏振状态。换句话说，对于庞加莱球上的任意一个偏振态点，通过调整偏振控制器的两个自由度，其输出偏振态可以覆盖整个庞加莱球。这一结论随后被人广泛引用[10,11]。但是本书作者经过研究得出结论：是需要三个自由度而不是两个，才能完成覆盖整个庞加莱球的偏振态变换[12]。

先考察以 $\lambda/4$、$\lambda/2$、$\lambda/4$ 波片级联的相位固定-角度可调的偏振控制器。如果我们只使用其中的两个自由度，即只有 $\lambda/4$、$\lambda/2$ 级联波片，则总的偏振态变换琼斯矩阵为

$$\boldsymbol{U}(\theta_1,\theta_2)=\frac{\sqrt{2}}{2}\begin{pmatrix} -\cos(2\theta_1-2\theta_2)-j\cos 2\theta_2 & \sin(2\theta_1-2\theta_2)-j\sin 2\theta_2 \\ -\sin(2\theta_1-2\theta_2)-j\sin 2\theta_2 & -\cos(2\theta_1-2\theta_2)+j\cos 2\theta_2 \end{pmatrix} \quad (2\text{-}4\text{-}6)$$

在斯托克斯空间里相应的米勒矩阵为

$$\boldsymbol{R}(\theta_1,\theta_2)=\begin{pmatrix} \cos 2\theta_1\cos(2\theta_1-4\theta_2) & -\sin 2\theta_1\cos(2\theta_1-4\theta_2) & \sin(2\theta_1-4\theta_2) \\ \cos 2\theta_1\sin(2\theta_1-4\theta_2) & -\sin 2\theta_1\sin(2\theta_1-4\theta_2) & -\cos(2\theta_1-4\theta_2) \\ \sin 2\theta_1 & \cos 2\theta_1 & 0 \end{pmatrix} \quad (2\text{-}4\text{-}7)$$

如果输入偏振态为圆偏振态，其斯托克斯矢量为$(0,0,\pm 1)^T$。经过两自由度偏振控制器变换，得到输出偏振态为$(\sin(2\theta_1-4\theta_2),\mp\cos(2\theta_1-4\theta_2),0)^T$，它们位于庞加莱球的赤道上，形成一个环。图 2-4-2 画出了这一变换过程：右园偏振光位于北极 A 点，经过方位角 θ_1 的 $\lambda/4$ 波片，绕着位于 S_1-S_2 平面的$\overline{2\theta_1}$轴选转 1/4 弧($\pi/2$)到赤道上的 B 点，然后经过方位角 θ_2 的 $\lambda/2$ 波片，绕着位于 S_1-S_2 平面的$\overline{2\theta_2}$轴旋转 1/2 弧(π)到赤道上的 C 点。因此无论如何调整 θ_1 与 θ_2 角，输出偏振态只能始终在赤道上，形成一个环，而不能覆盖整个庞加莱球。

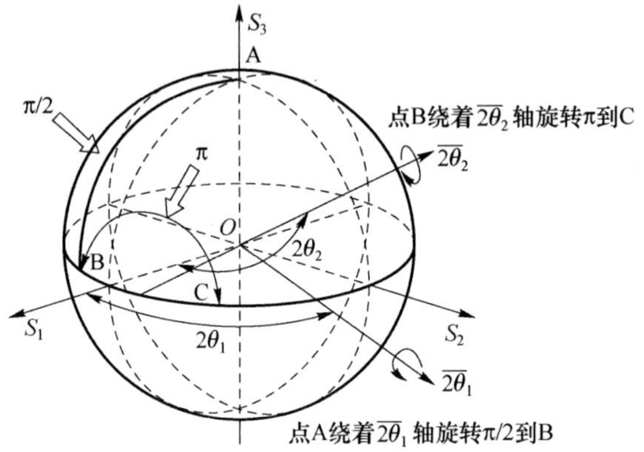

图 2-4-2　园偏振光经过 $\lambda/4$、$\lambda/2$ 级联的偏振控制器的变化情况

然而，如果采用三自由度 $\lambda/4$、$\lambda/2$、$\lambda/4$ 级联的偏振控制器，其总的琼斯变换矩阵为

$$\boldsymbol{U}(\theta_1,\theta_2,\theta_3)=\begin{pmatrix}-\cos\alpha\cos\beta-\mathrm{j}\sin\beta\sin\gamma & \sin\alpha\cos\beta-\mathrm{j}\sin\beta\cos\gamma\\ -\sin\alpha\cos\beta-\mathrm{j}\sin\beta\cos\gamma & -\cos\alpha\cos\beta+\mathrm{j}\sin\beta\sin\gamma\end{pmatrix}\tag{2-4-8}$$

其中，$\alpha=\theta_1-\theta_3$，$\beta=2\theta_2-(\theta_1+\theta_3)$，$\gamma=\theta_1+\theta_3$。式(2-4-8)对应的米勒矩阵为

$$\boldsymbol{R}(\theta_1,\theta_2,\theta_3)=\begin{pmatrix}\cos2\alpha\cos^2\beta-\cos2\gamma\sin^2\beta & -\sin2\alpha\cos^2\beta+\sin2\gamma\sin^2\beta & -\sin2\beta\cos(\alpha-\gamma)\\ \sin2\alpha\cos^2\beta+\sin2\gamma\sin^2\beta & \cos2\alpha\cos^2\beta+\cos2\gamma\sin^2\beta & -\sin2\beta\sin(\alpha-\gamma)\\ \sin2\beta\cos(\alpha+\gamma) & -\sin2\beta\sin(\alpha+\gamma) & \cos2\beta\end{pmatrix}\tag{2-4-9}$$

如果输入任意偏振态$(\cos\chi\cos\varepsilon,\cos\chi\sin\varepsilon,\sin\varepsilon)^T$，其中 χ 与 ε 分别表示偏振态的方位角与椭圆率，则输出偏振态为

$$\begin{pmatrix}(\cos2\alpha\cos^2\beta-\cos2\gamma\sin^2\beta)\cos\chi\cos\varepsilon-(\sin2\alpha\cos^2\beta-\sin2\gamma\sin^2\beta)\cos\chi\sin\varepsilon-\sin2\beta\cos(\alpha-\gamma)\sin\varepsilon\\ (\sin2\alpha\cos^2\beta+\sin2\gamma\sin^2\beta)\cos\chi\cos\varepsilon+(\cos2\alpha\cos^2\beta+\cos2\gamma\sin^2\beta)\cos\chi\sin\varepsilon-\sin2\beta\sin(\alpha-\gamma)\sin\varepsilon\\ \sin2\beta\cos(\alpha+\gamma)\cos\chi\cos\varepsilon-\sin2\beta\sin(\alpha+\gamma)\cos\chi\sin\varepsilon+\cos2\beta\sin\varepsilon\end{pmatrix}\tag{2-4-10}$$

可以证明，通过调整偏振控制器的 θ_1、θ_2 与 θ_3 角，这个输出偏振态可以覆盖整个庞加莱球。

再考察取向固定相位可调的偏振控制器，即方位角分别为 0°、45°、0°三个波片级联的偏振控制器。如果只利用两个自由度，亦即只使用 0°、45°级联波片，其总的琼斯变换矩阵为

$$\boldsymbol{U}(\phi_1,\phi_2)=\begin{pmatrix}\cos\phi_2\exp(-\mathrm{j}\phi_1) & -\mathrm{j}\sin\phi_2\exp(\mathrm{j}\phi_1)\\ -\mathrm{j}\sin\phi_2\exp(-\mathrm{j}\phi_1) & \cos\phi_2\exp(\mathrm{j}\phi_1)\end{pmatrix} \tag{2-4-11}$$

其相应的米勒矩阵为

$$\boldsymbol{R}(\phi_1,\phi_2)=\begin{pmatrix}\cos 2\phi_2 & \sin 2\phi_1\sin 2\phi_2 & \cos 2\phi_1\sin 2\phi_2\\ 0 & \cos 2\phi_1 & \sin 2\phi_2\\ -\sin 2\phi_2 & \sin 2\phi_1\cos 2\phi_2 & \cos 2\phi_1\cos 2\phi_2\end{pmatrix} \tag{2-4-12}$$

如果输入偏振态为水平偏振的线偏振光，其斯托克斯矢量为 $(1,0,0)^{\mathrm{T}}$，则输出偏振态为 $(\cos 2\phi_2,0,-\sin 2\phi_2)^{\mathrm{T}}$，调整相位角 $2\phi_1$ 与 $2\phi_2$，在庞加莱球上构成一个 S_1-S_3 平面内的环。图 2-4-3 显示了这一变换过程：水平偏振光位于 S_1 轴的 A 点，0°方位角的波片不论怎样调整 ϕ_1 都不会改变 A 的位置。而经过 45°方位角波片后，调整 ϕ_2 会使输出态绕 S_2 轴画出竖直的圆环到 B 点。也不能覆盖整个庞加莱球。

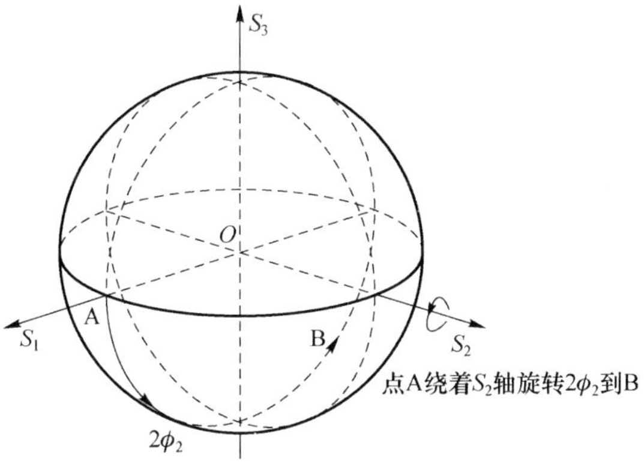

图 2-4-3　水平线偏振光经过 0°、45°级联波片变换后输出偏振态的变化

理论分析可以证明，使用 0°、45°、0°三个波片级联后，对于庞加莱球上任意一个输入偏振态，经过偏振控制器变换，可以在庞加莱球上任意一点得到输出偏振态，覆盖整个庞加莱球。

为了验证以上的分析结论，我们设计了以下实验。实验框架图如图 2-4-4 所示，光源用波长为 1 563.8 nm 的增益开关分布反馈（GS-DFB）半导体激光器，调制成 2.5 Gbit/s 的脉宽约为 20 ps 的脉冲串，经过一个光纤型起偏器，使脉冲串保持线偏振，利用通用光电公司（General Photonics Co.）的 PolaRITE™ Ⅱ型光纤挤压型电控偏振控制器（属于 0°、45°、0°、45°四个波片级联的偏振控制器）进行偏振态变换，变换

后的偏振态用在线检偏仪监测，通过 A/D 卡转换成数字信号输入计算机画出庞加莱球上的相应输出点。用随机电压组合(V_1，V_2)或(V_1，V_2，V_3)实现两自由度或三自由度的偏振控制器的控制。

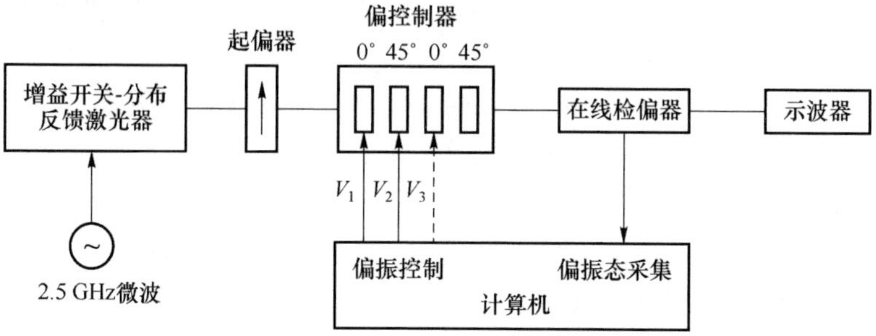

图 2-4-4 验证偏振态转换的实验装置

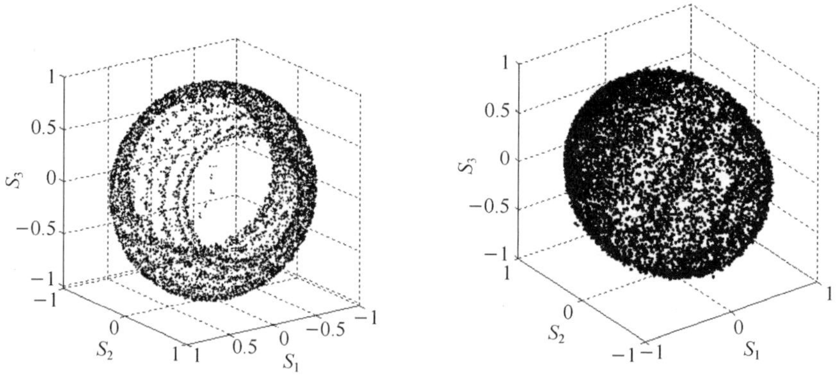

(a) 两个自由度 (b) 三个自由度

图 2-4-5 偏振控制器实验得到的庞加莱球上输出偏振态

图 2-4-5 显示了实验结果：当随机调整偏振控制器的三个自由度时，正如前面预料的一样，输出的偏振态覆盖了整个庞加莱球；反之，当只随机调整两个自由度时，输出偏振态形成一个绕 S_2 旋转的轮胎状环，留下大片盲区，使这块区域的输出偏振态无法形成，这与前面分析的结果一致。至于实验形成的是轮胎环，而不是一个线环，原因是实验中，输入偏振态有一些起伏。

本章参考文献

[1] JONES R C. A new calculus for the treatment of optical systems I. description and discussion of the calculus [J]. Journal of the Optical Society of America, 1941, 31(7): 488-493.

[2] JONES R C. A new calculus for the treatment of optical systems Ⅱ. Proof of three general equivalence theorems [J]. Journal of the Optical Society of America, 1941, 31(7): 493-499.

[3] STOKES G G. On the composition and resolution of streams of polarized light from different sources [J]. Transactions of the Cambridge Philosophical Society, 1852, 9: 399-416; Reprinted in Mathematical and Physical Papers, Vol. 3 [M]. Cambridge: Cambridge University Press, 1901: 233-258.

[4] GORDON J P, KOGELNIK H. PMD fundamentals: polarization mode dispersion in optical fiber [J]. Proceedings of the National Academey of Science of the United States of America, 2000, 97(9): 4541-4550.

[5] DAMASK J N. Polarization optics in telecommunications [M]. New York: Springer, 2005.

[6] POINCARÉ H. Théorie mathématique de la Lumiére, Vol. 2 [M]. Paris: Gauthiers-Villars, 1892, Chap. 12.

[7] SIMON R. The connection between Mueller and Jones matrices of polarization optics [J]. Optics Communications, 1982, 42(15): 293-297.

[8] HEFFNER B L. Automatic measurement of polarization mode dispersion using Jones matrix eigenanalysis [J]. IEEE Photonics Technology Letters, 1992, 4(9): 1066-1069.

[9] KARSSON M, XIE C, SUNNERUD H, ANDREKSON P. Higher order polarization mode dispersion compensator with three degrees of freedom [C]. Proceedings of Optical Fiber Communication Conference (OFC), 2001, Anaheim, CA, Paper MO. 1.

[10] PUA H, PEDDANARAPPAGARI P, ZHU B, ALLEN C, DEMAREST K, Hui R. An adaptive first-order polarization-mode dispersion compensation system aided by polarization scrambling: theory and demonstration [J]. Journal of Lightwave Technology, 2002, 18(6): 832-884.

[11] KIM S. Schemes for complete compensation for polarization mode dispersion up to second order [J]. Optics Letters, 2002, 27(8): 577-579.

[12] ZHANG X G, ZHENG Y. The number of least degrees of freedom required for a polarization controller to transform any state of polarization to any output covering the entire Poincaré Sphere [J]. Chinese Physics B, 2008, 17(7): 2509-2513.

[13] 新谷隆一. 偏振光[M]. 范爱英,康昌鹤,译. 北京:原子能出版社,1994.

[14] COLLET E. Polarized light-fundamental and applications [M]. New York: Marcel Dekker Inc., 1993.

第 3 章　偏振模色散的产生机理与统计特性

3.1　单模光纤中偏振模色散的产生机理

偏振模色散来源于光纤中存在的剩余双折射。首先谈一谈双折射光纤(如保偏光纤)的双折射。

在双折射光纤(如保偏光纤)中存在双折射,即存在一对正交的快慢轴,线偏振光在传输过程中分别沿着快轴或者慢轴偏振时,感受到的折射率有差别,亦即在两个方向偏振时传输常数有差别:

$$\Delta\beta=\beta_s-\beta_f=\frac{\omega}{c}(n_s-n_f)=\frac{2\pi}{\lambda}\Delta n \tag{3-1-1}$$

传输长度 L 后,在快慢轴之间形成相位差

$$\delta=\Delta\beta L=\frac{2\pi}{\lambda}\Delta nL \tag{3-1-2}$$

如果 Δn 沿光纤是均匀的,快慢轴之间的相位差会周期性重复,造成偏振态变化的周期性重复。如图 3-1-1 所示,一个相对于快慢轴成 45°角的线偏振光沿着保偏光纤传输,首先将其沿着快轴与慢轴分解为“快模式(fast mode)”和“慢模式(slow mode)”,其快慢模式之间的传输常数不同造成快慢模式之间的相位差沿着传播方向变化,相位差的演化会造成偏振态的演化。相位差经过一个周期的变化,偏振态最后还原为最初入射的线偏振光。引起相位差一个周期 2π 的长度称为双折射光纤的拍长 L_B:

$$L_B=\frac{\lambda}{\Delta n} \tag{3-1-3}$$

普通保偏光纤的拍长约为 3 mm。而对于普通通信单模光纤拍长约为 10 m(对于普通通信单模光纤的双折射在下面讨论),对应的快慢轴折射率差 Δn 为10^{-7},远远小于芯径与包层的折射率差为10^{-3}。

由于快慢轴之间折射率的差别,造成光在双折射光纤中传输时,在快慢轴上的分量传输速度(群速度 v_g)不同,最终造成输出端光脉冲展宽或分裂,如图 3-1-2 所示,这就是所谓的偏振模色散(Polarization Mode Dispersion,PMD)。描述偏振模色散用快慢轴之间的差分群时延(Differential Group Delay,DGD)$\Delta\tau$ 来表示:

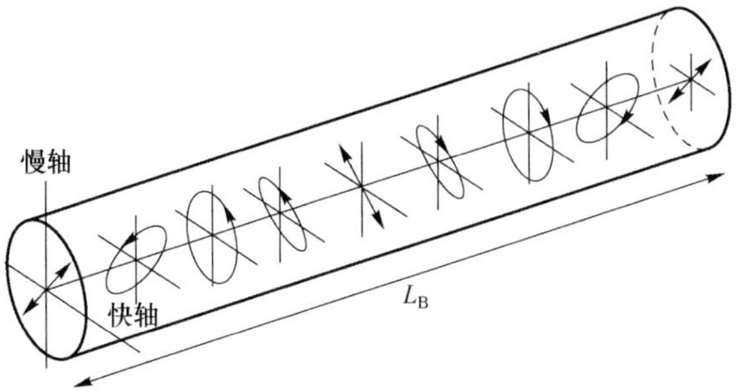

图 3-1-1 双折射光纤中偏振态传输的周期性变化

$$\Delta\tau=\frac{L}{\Delta v_g}=\frac{\mathrm{d}}{\mathrm{d}\omega}(\Delta\beta)L=\left(\frac{\Delta n}{c}+\frac{\omega}{c}\frac{\mathrm{d}\Delta n}{\mathrm{d}\omega}\right)L \tag{3-1-4}$$

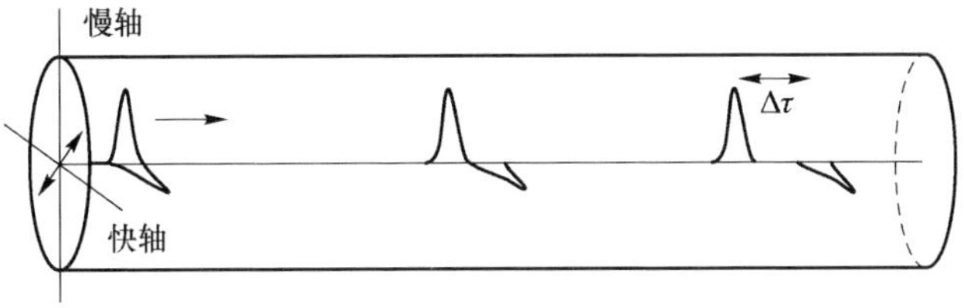

图 3-1-2 45°角入射的线偏振光由于偏振模色散造成脉冲分裂的示意图

由式(3-1-4)可知,保偏光纤的差分群时延(或者偏振模色散)是正比于光纤长度的,这是由于保偏光纤的双折射沿着传输方向是均匀的。

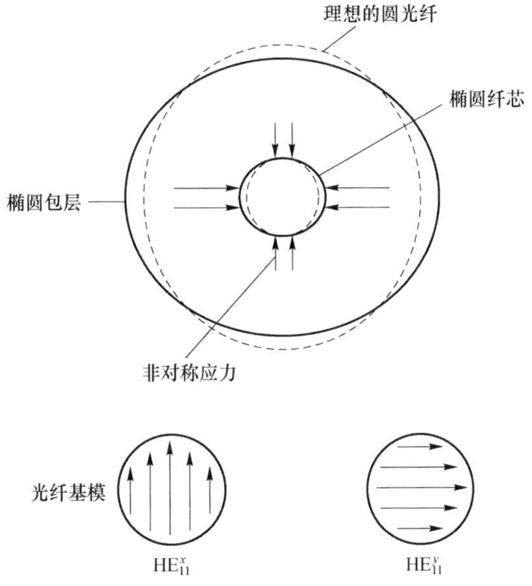

图 3-1-3 光纤横截面变形后两个正交模去简并

在理想单模光纤中，其截面是理想的圆形。所谓“单模”实际上是由基模 HE_{11} 的两个偏振方向相互垂直的简并模HE_{11}^x和HE_{11}^y组成，如图 3-1-3 所示。理想光纤两个简并模在两个正交方向的传输常数相等 $\beta_x=\beta_y$，本来不存在双折射，但是实际上，单模光纤中是存在残余双折射的。光纤的残余双折射可以分为两类：本征双折射和非本征双折射。本征双折射是由于光纤制造工艺上的不完善造成的。首先光纤制造工艺上的不完善可能会造成横截面呈椭圆形，其次这种不完善造成的纤芯周围掺杂浓度的不均匀可能会引起非对称应力场[图 3-1-4(a)]。非本征双折射是由光纤弯曲、外部应力、扭转、环境温度变化、外部电磁场、振动所引起的[图 3-1-4(b)]。它是由于光纤的成缆、光缆铺设和环境改变等方面造成的。上述种种原因可以使两个简并模HE_{11}^x和HE_{11}^y去简并，造成 $\Delta\beta=\beta_x-\beta_y=(\omega/c)(n_x-n_y)=(\omega/c)\Delta n$，构成局部的双折射。于是实际单模光纤是有偏振模色散的。

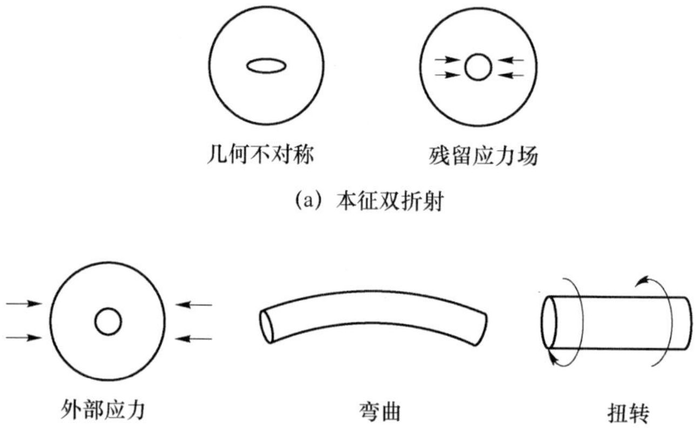

(a) 本征双折射

(b) 非本征双折射

图 3-1-4

普通单模光纤中的残余双折射是局部的，有时是随时间随机变化的(比如受环境影响)。如果是短光纤，这种双折射可以是近似均匀的，其特性与保偏光纤的双折射类似，即其差分群时延正比于光纤长度 $\Delta\tau\propto L$。如果是长光纤，残余双折射是局部的、随机的，可以看成是无数短光纤的级联，每一段光纤的局部双折射可以看成是均匀的，但是它们的快慢轴方向是随机取向的，每一段折射率差 Δn 也是随机的。此时可以证明，其差分群时延正比于光纤长度的平方根 $\Delta\tau\propto\sqrt{L}$。

对于长光纤，一般用偏振模色散系数 D_{PMD}(单位 ps/$\sqrt{km}$)来描述光纤偏振模色散的大小。ITU-T 在 1996 年做出规定，制造的单模光纤其偏振模色散系数应该小于 0.5 ps/$\sqrt{km}$。20 世纪 90 年代以前铺设的光纤，偏振模色散较大，偏振模色散系数一般大于 0.5 ps/$\sqrt{km}$，有一部分甚至超过 0.8 ps/$\sqrt{km}$。

3.2 偏振模色散的理论模型

3.2.1 偏振模色散的主态概念

在保偏光纤中,光纤的双折射的非均匀性可以忽略,可以有明显的快慢轴,其双折射特性以及差分群时延可以由式(3-1-1)和式(3-1-4)简单描述。并且具有如下的性质,当线偏振光以快轴或者慢轴方向入射时,出射光仍然是线偏振光。如前所述,对于实际单模光纤,其双折射性质是不均匀的,随机的,具有统计特性。可以将光纤分成无数小段,每一段光纤的局部双折射可以看成是均匀的,但是它们的快慢轴方向是随机取向的,每一段折射率差 Δn 也是随机的,如图 3-2-1(a)所示。那么作为整段光纤,是否仍然存在快慢轴的概念?等价地说,有无存在一组正交轴,当线偏振光沿此方向入射时,出射光是否仍然是线偏振光?

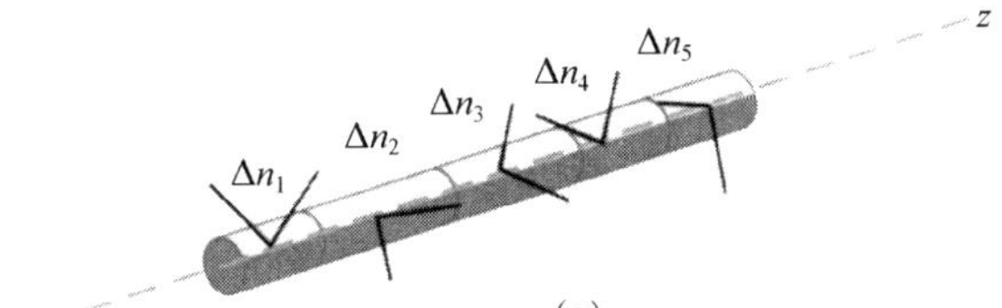

(a)

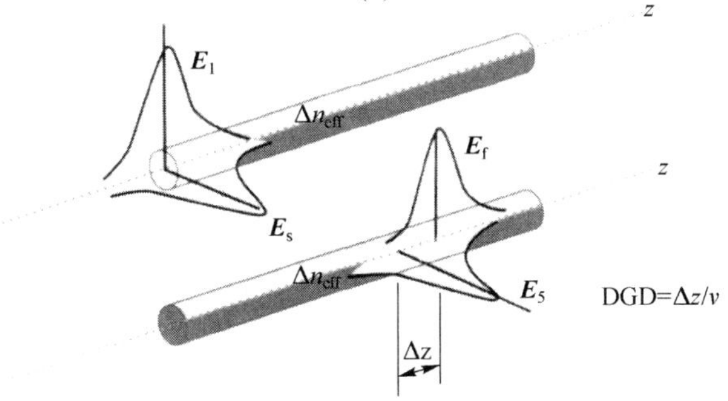

(b)

图 3-2-1 光纤偏振模色散处理模型,等价地存在一组正交的偏振输入和输出主态

1986 年贝尔实验室的 C. D. Poole 等人首先提出了光纤偏振模色散的主态模型[1],成功地回答了上述问题。这一成功模型一直沿用到现在。下面回顾一下主态理论。

假设输入(脚标 a)和输出光(脚标 b)的电场矢量分别为

$$\boldsymbol{E}_a = A_a e^{j\varphi_a} \hat{\varepsilon}_a, \quad \boldsymbol{E}_b = A_b e^{j\varphi_b} \hat{\varepsilon}_b \tag{3-2-1}$$

其中,A 为电场振幅,φ 为电场相位,$\hat{\varepsilon}$ 为表征电场偏振态的单位复矢量。输入输出光场由光纤的传输矩阵 $T(\omega)$ 联系:

$$\boldsymbol{E}_b=\boldsymbol{T}(\omega)\boldsymbol{E}_a \tag{3-2-2}$$

其中，

$$\boldsymbol{T}(\omega)=\mathrm{e}^{\beta(\omega)}\boldsymbol{U}(\omega)=\mathrm{e}^{\beta(\omega)}\begin{pmatrix} u_1 & u_2 \\ -u_2^* & u_1^* \end{pmatrix} \tag{3-2-3}$$

$\beta(\omega)$为复相位常数，包括了色散与损耗，$\boldsymbol{U}(\omega)$为归一化幺正琼斯矩阵，满足$|u_1|^2+|u_2|^2=1$。

假设输入场是不随频率变化的常矢量，分别将式(3-2-2)和式(3-2-1)对角频率求导：

$$\frac{\mathrm{d}\boldsymbol{E}_b}{\mathrm{d}\omega}=\frac{\mathrm{d}T}{\mathrm{d}\omega}\boldsymbol{E}_a=\mathrm{e}^{\beta}(\beta'\boldsymbol{U}+\boldsymbol{U}')\boldsymbol{E}_a \tag{3-2-4}$$

$$\frac{\mathrm{d}\boldsymbol{E}_b}{\mathrm{d}\omega}=\left(\frac{A_b'}{A_b}+\mathrm{j}\varphi_b'\right)\boldsymbol{E}_b+A_b\mathrm{e}^{\mathrm{j}\varphi_b}\hat{\varepsilon}_b' \tag{3-2-5}$$

令式(3-2-4)和式(3-2-5)右边相等，经过简化得

$$A_b\mathrm{e}^{\mathrm{j}\varphi_b}\frac{\mathrm{d}\hat{\varepsilon}_b}{\mathrm{d}\omega}=\mathrm{e}^{\beta}(\boldsymbol{U}'-\mathrm{j}k\boldsymbol{U})A_a\mathrm{e}^{\mathrm{j}\varphi_a}\hat{\varepsilon}_a \tag{3-2-6}$$

其中，

$$k=\varphi_b'+\mathrm{j}\left(\beta'-\frac{A_b'}{A_b}\right) \tag{3-2-7}$$

假设在一阶近似下输出偏振态与频率无关，即 $\mathrm{d}\hat{\varepsilon}_b/\mathrm{d}\omega=0$，将其代入式(3-2-6)得

$$(\boldsymbol{U}'-\mathrm{j}k\boldsymbol{U})\hat{\varepsilon}_a=0 \tag{3-2-8}$$

式(3-2-8)可以看成是解线性方程，方程有解的条件是系数行列式为零，即$|\boldsymbol{U}'-\mathrm{i}k\boldsymbol{U}|=0$，解得两个本征值如下：

$$k_{\pm}=\pm\sqrt{|u_1'|^2+|u_2'|^2} \tag{3-2-9}$$

相应的两个输入光偏振态的本征矢量如下：

$$\hat{\varepsilon}_{a\pm}=\mathrm{e}^{\mathrm{j}\rho}\begin{pmatrix} \dfrac{u_2'-\mathrm{j}k_{\pm}u_2}{D_{\pm}} \\ -\dfrac{u_1'-\mathrm{j}k_{\pm}u_1}{D_{\pm}} \end{pmatrix} \tag{3-2-10}$$

其中，ρ是公共相因子，$D_{\pm}=\sqrt{2k_{\pm}[k_{\pm}-\mathrm{Im}(u_1^*u_1'+u_2^*u_2')]}$为归一化系数。

由式(3-2-10)可得

$$\hat{\varepsilon}_{a+}\cdot\hat{\varepsilon}_{a-}^*=0,\quad \hat{\varepsilon}_{a\pm}\cdot\hat{\varepsilon}_{a\pm}^*=1 \tag{3-2-11}$$

即 $\hat{\varepsilon}_{a+}$ 和 $\hat{\varepsilon}_{a-}$ 是一对正交归一的输入偏振态，我们称其为输入偏振主态。将(3-2-11)代入式(3-2-2)，同样可得

$$\hat{\varepsilon}_{b+}\cdot\hat{\varepsilon}_{b-}^*=0,\quad \hat{\varepsilon}_{b\pm}\cdot\hat{\varepsilon}_{b\pm}^*=1 \tag{3-2-12}$$

同样，$\hat{\varepsilon}_{b+}$和 $\hat{\varepsilon}_{b-}$ 是一对正交归一的输出偏振态，我们称其为输出偏振主态。偏振主态的英文缩写为 PSP(Principal State Polarization)。

由上面的讨论可知，在一阶近似下，即假定输出偏振态与频率无关的条件下，或输入光谱宽很窄的条件下，光纤存在一对正交的输入偏振主态 $\hat{\varepsilon}_{a\pm}$ 和一对正交的输出偏振主态 $\hat{\varepsilon}_{b\pm}$。当输入线偏振光沿输入偏振主态之一入射时，输出光是沿着对应输出偏振主态偏振的线偏振光。

有了正交主态的概念，可以沿用保偏光纤快慢轴之间的差分群时延概念。计算指出，两偏振主态之间的差分群时延由式(3-2-13)给出[1]：

$$\Delta\tau = 2\sqrt{|u_1'|^2 + |u_2'|^2} = 2|k_\pm| \tag{3-2-13}$$

其中，式(3-2-8)本征值对应于 $k_+ = (1/2)\Delta\tau$ 的主态称为慢主态，本征值对应于 $k_- = -(1/2)\Delta\tau$ 的主态称为快主态。

偏振主态的存在由 1988 年 C. D. Pool 的实验证实[2]，如图 3-2-2 所示，标注 $\hat{\varepsilon}_-$ 和 $\hat{\varepsilon}_+$ 的输出波形分别对应于入射偏振态分别对准两偏振主态的情形，而中间的输出波形对应入射脉冲在两偏振主态上的分光比相等时的情况。此时，输出光脉冲稍微有些展宽，并引起了 10％的峰值下降。

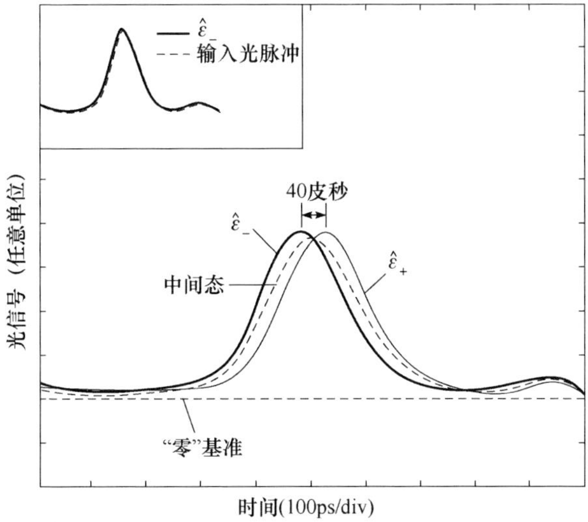

图 3-2-2 证实主态存在的实验结果

3.2.2 偏振模色散的矢量描述

光纤偏振模色散可以用斯托克斯空间的三维矢量描述[3]

$$\boldsymbol{\tau} = \Delta\tau\,\hat{\boldsymbol{p}} \tag{3-2-14}$$

该矢量的模 $\Delta\tau$ 是差分群时延 DGD，单位矢量 $\hat{\boldsymbol{p}}$ 代表慢主态在斯托克斯空间的方向，因此 $-\hat{\boldsymbol{p}}$ 是快主态的方向。输入偏振模色散矢量 $\boldsymbol{\tau}_{\text{in}}$ 和输出偏振模色散矢量 $\boldsymbol{\tau}_{\text{out}}$ 之间由斯托克斯空间的米勒矩阵相联系：

$$\boldsymbol{\tau}_{\text{out}}=\boldsymbol{R}\boldsymbol{\tau}_{\text{in}} \tag{3-2-15}$$

同样，光纤两端输入和输出偏振态之间也有关系

$$\boldsymbol{S}_{\text{out}}=\boldsymbol{R}\boldsymbol{S}_{\text{in}} \tag{3-2-16}$$

可以证明，当入射光频率变化时，输出偏振态位于庞加莱球上以 $\boldsymbol{\tau}$ 为中心的圆形上，满足[4]：

$$\frac{\mathrm{d}\boldsymbol{S}_{\text{out}}}{\mathrm{d}\omega}=\boldsymbol{\tau}\times\boldsymbol{S}_{\text{out}} \tag{3-2-17}$$

对式(3-2-16)两边微商：$\frac{\mathrm{d}\boldsymbol{S}_{\text{out}}}{\mathrm{d}\omega}=\boldsymbol{R}_{\omega}\boldsymbol{S}_{\text{in}}+\boldsymbol{R}\frac{\mathrm{d}\boldsymbol{S}_{\text{in}}}{\mathrm{d}\omega}=\boldsymbol{R}_{\omega}\boldsymbol{R}^{\dagger}\boldsymbol{S}_{\text{out}}=\boldsymbol{\tau}\times\boldsymbol{S}_{\text{out}}$。矢量表示式(3-2-17)中的 $\boldsymbol{\tau}\times$ 实际上就是旋转矩阵 $\boldsymbol{R}_{\omega}\boldsymbol{R}^{\dagger}$)。

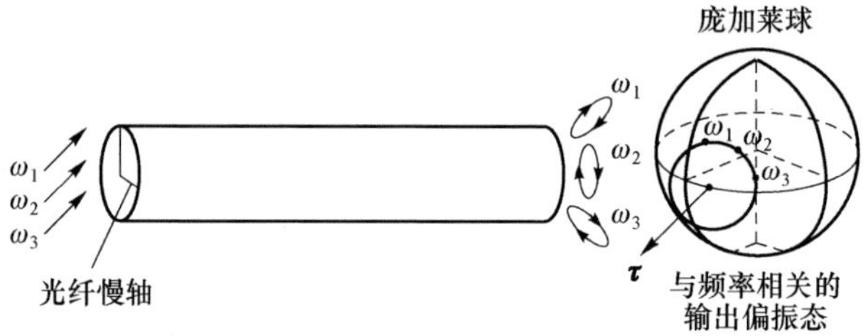

图 3-2-3 入射光频率变化时输出偏振态的变化

如图 3-2-3 所示，当同一偏振态的入射光，频率变化时，输出偏振态也随之变化，在庞加莱球上形成以偏振模色散矢量 $\boldsymbol{\tau}$ 为中心的圆弧。

3.2.3 二阶偏振模色散

在主态理论中，主态存在的先决条件是输出偏振态与频率无关，即 $\mathrm{d}\hat{\varepsilon}_b/\mathrm{d}\omega=0$，这在入射光是窄带激光，或者偏振模色散较小时是成立的，在这种条件之下得到的偏振模色散我们称之为一阶偏振模色散。

当入射光存在较宽频谱时，偏振模色散矢量将与频率有关，可以将其展开成泰勒级数[4-6]：

$$\boldsymbol{\tau}(\omega_0+\Delta\omega)=\boldsymbol{\tau}(\omega_0)+\boldsymbol{\tau}_{\omega}(\omega_0)\Delta\omega+\cdots \tag{3-2-18}$$

其中，第一项就是以前提到的一阶偏振模色散：

$$\boldsymbol{\tau}(\omega_0)=\Delta\tau\,\hat{\boldsymbol{p}} \tag{3-2-19}$$

其主态有确定的方向。一阶偏振模色散矢量对频率的一阶导数称为二阶偏振模色散

$$\boldsymbol{\tau}_{\omega}=\frac{\mathrm{d}\boldsymbol{\tau}}{\mathrm{d}\omega}=\boldsymbol{\tau}_{\omega\parallel}+\boldsymbol{\tau}_{\omega\perp}=\Delta\tau_{\omega}\hat{\boldsymbol{p}}+\Delta\tau\hat{\boldsymbol{p}}_{\omega} \tag{3-2-20}$$

其中，第一项 $\boldsymbol{\tau}_{\omega\parallel}=\Delta\tau_{\omega}\hat{\boldsymbol{p}}$ 平行于原主态方向，其大小 $\Delta\tau_{\omega}$ 引起偏振相关色度色散(Polarization-dependent Chromatic Dispersion，PCD)，造成偏振相关的脉冲压缩或展宽，表现为在光纤色度色散量 DL 上附加一个与偏振相关的改变[7]。有了 PCD

后，表征的有效色度色散变为

$$(\mathrm{DL})_{\mathrm{eff}}=\mathrm{DL}\pm\boldsymbol{\tau}_{\lambda} \tag{3-2-21}$$

其中，正负号对应快慢主态。PCD 定义为

$$\boldsymbol{\tau}_{\lambda}=\frac{1}{2}\frac{\mathrm{d}\Delta\tau}{\mathrm{d}\lambda}=-\left(\frac{\pi c}{\lambda^{2}}\right)\Delta\tau_{\omega} \tag{3-2-22}$$

一般将 $\boldsymbol{\tau}_{\omega\parallel}$ 项称为 PCD 分量（Polarization-dependent Chromatic Dispersion Component）。

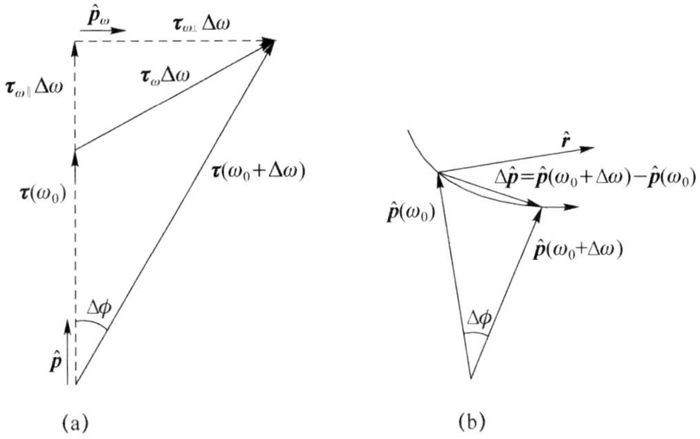

图 3-2-4 二阶偏振模色散各分量之间的关系

式(3-2-20)中的第二项 $\boldsymbol{\tau}_{\omega\perp}=\Delta\tau\hat{\boldsymbol{p}}_{\omega}$ 描述主态去偏振（Depolarization），称为去偏振分量（Depolarization Component）。$\hat{\boldsymbol{p}}_{\omega}$ 称为主态旋转率（PSP rotation rate，PSPrr），描述主态方向的改变，它垂直于主态 $\hat{\boldsymbol{p}}$。

图 3-2-4(a) 显示了只保留二阶偏振模色散情况下的矢量关系。根据式(3-2-18)，总 PMD 矢量 $\boldsymbol{\tau}(\omega_0+\Delta\omega)$ 由平行分量一阶 PMD 矢量 $\boldsymbol{\tau}(\omega_0)$ 与二阶 PMD 相关的矢量 $\boldsymbol{\tau}_{\omega}(\omega_0)\Delta\omega$ 叠加而成。而 $\boldsymbol{\tau}_{\omega}(\omega_0)\Delta\omega$ 又是由平行分量 $\boldsymbol{\tau}_{\omega\parallel}\Delta\omega=\Delta\tau_{\omega}\hat{\boldsymbol{p}}\Delta\omega$ 和垂直分量 $\boldsymbol{\tau}_{\omega\perp}\Delta\omega=\Delta\tau\hat{\boldsymbol{p}}_{\omega}\Delta\omega$ 叠加而成。其中 $\boldsymbol{\tau}_{\omega\parallel}\Delta\omega=\Delta\tau_{\omega}\hat{\boldsymbol{p}}\Delta\omega$ 矢量沿一阶 PMD 矢量方向，即主态 $\hat{\boldsymbol{p}}$ 方向，根据 $\Delta\tau_{\omega}$ 的正负在这个方向加强或者减弱 $\boldsymbol{\tau}(\omega_0)$ 造成的影响。而 $\boldsymbol{\tau}_{\omega\perp}\Delta\omega=\Delta\tau\hat{\boldsymbol{p}}_{\omega}\Delta\omega$ 的方向沿主态旋转率 $\hat{\boldsymbol{p}}_{\omega}$ 方向，垂直于主态 $\hat{\boldsymbol{p}}$，有去偏振的作用，造成主态方向的改变。利用图 3-2-4(b)可以说明 $\hat{\boldsymbol{p}}_{\omega}$ 的这种改变主态方向的作用。设光信号的 ω_0 频率组分偏振方向为 $\hat{\boldsymbol{p}}(\omega_0)$，而 $\omega_0+\Delta\omega$ 频率组分的偏振方向为 $\hat{\boldsymbol{p}}(\omega_0+\Delta\omega)$，相对于 $\hat{\boldsymbol{p}}(\omega_0)$ 转过了 $\Delta\phi$ 角。则主态旋转率 $\hat{\boldsymbol{p}}_{\omega}$ 定义为

$$\hat{\boldsymbol{p}}_{\omega}=\frac{\mathrm{d}\hat{\boldsymbol{p}}}{\mathrm{d}\omega}=\lim_{\Delta\omega\to 0}\frac{\hat{\boldsymbol{p}}(\omega_0+\Delta\omega)-\hat{\boldsymbol{p}}(\omega_0)}{\Delta\omega}=\lim_{\Delta\omega\to 0}\frac{1\times\Delta\phi}{\Delta\omega}\frac{\hat{\boldsymbol{p}}_{\omega}}{|\hat{\boldsymbol{p}}_{\omega}|}=\frac{\mathrm{d}\phi}{\mathrm{d}\omega}\hat{\boldsymbol{r}} \tag{3-2-23}$$

其中，用到了 $\hat{\boldsymbol{p}}$ 是单位矢量 $|\hat{\boldsymbol{p}}|=1$，$|\Delta\hat{\boldsymbol{p}}|\approx|\hat{\boldsymbol{p}}|\times\Delta\phi=1\times\Delta\phi$。另外，$\hat{\boldsymbol{r}}=\hat{\boldsymbol{p}}_{\omega}/|\hat{\boldsymbol{p}}_{\omega}|$

是 $\hat{p}_\omega$ 方向的单位矢量，它显然垂直于主态 $\hat{p}$ 方向。图 3-2-4(b)很类似陀螺的转轴的变化。陀螺转轴方向 $\hat{q}$ 是陀螺角速度的方向，设陀螺在 Δt 先后两个方向 $\hat{q}(t)$ 和 $\hat{q}(t+\Delta t)$ 的夹角为 $\Delta\phi$，则引起陀螺转轴方向改变的矢量为 $\hat{q}_t = \mathrm{d}\hat{q}/\mathrm{d}t = (\mathrm{d}\phi/\mathrm{d}t)\hat{r}$，显然 $\hat{q}_t \perp \hat{q}$，$\hat{q}_t$ 有改变陀螺转轴方向 $\hat{q}$ 的作用。同样 $\hat{p}_\omega$ 有改变主态方向 $\hat{p}$ 的作用，或者说有去偏振的作用。

由 3.3.4 小节可知，从统计上看，$\hat{\boldsymbol{\tau}}_{\omega\parallel}$ 方向沿着原 PMD 矢量 $\boldsymbol{\tau}(\omega_0)$ 方向，其统计平均值为零，且分布在零均值的附近，因此是统计小分量。$\boldsymbol{\tau}_{\omega\perp}$ 垂直于原 PMD 矢量 $\boldsymbol{\tau}(\omega_0)$ 方向，均值不为零，是统计大分量。另外，$\boldsymbol{\tau}_{\omega\parallel}$ 对系统的影响类似于色度色散，只是造成脉冲压缩或展宽，而 $\boldsymbol{\tau}_{\omega\perp}$ 可以造成 NRZ 码的过冲和卫星脉冲[8]。总之，在处理二阶 PMD 对系统的影响时，PCD 分量往往可以忽略，而包含 PSPrr 的去偏振分量不能忽略。这个性质将在本书第 5 章中对偏振模色散补偿时加以利用。

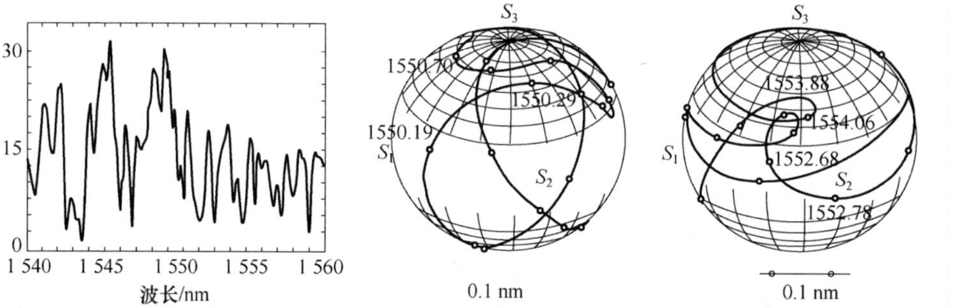

(a) DGDΔτ随波长的变化　(b) 主态方向$\hat{p}$随波长的变化　(c) 输出偏振态S_{out}随波长的变化

图 3-2-5　本章参考文献中对一根平均 DGD 为 14.7 ps 的光纤进行的 PMD 测量

图 3-2-5 是本章参考文献中对一根平均 DGD 为 14.7 ps 光纤进行的 PMD 测量。对于普通光纤，存在高阶 PMD，其差分群时延 DGD 随波长变化，$\Delta\tau_\omega$ 不为零[图 3-2-5(a)]。与只存在一阶 PMD 的图 3-2-3 不同，此时 PMD 矢量 $\boldsymbol{\tau}$ 的方向(即主态方向 $\hat{p}$)不再固定不变，显示出由主态旋转率造成的主态 $\hat{p}$ 的不断变化[图 3-2-5(b)]。对于固定的输入偏振态，其输出偏振态随波长的变化在庞加莱球上不再是图 3-2-3 中简单的圆形，而是复杂的轨迹[图 3-2-5(c)]。

3.3　偏振模色散的数学分析模型与统计特性

由上面的讨论可见，从理论上描述和处理偏振模色散是一个十分困难的工作。目前已有多种分析方法，它们在分析和处理偏振模色散时各有千秋。前面提到的主态模型是最重要的一种方法，下面对其他方法也做一下介绍。

3.3.1 动态方程[4,10-12]

动态方程是一种分析偏振模色散矢量随传输距离变化的有效方法。将光纤分成无数小段 Δz 后，每一小段双折射看成均匀的，设为本地双折射 $\boldsymbol{\beta}=\boldsymbol{\beta}(\omega,z)$。光纤偏振态 $\hat{\boldsymbol{S}}=\hat{\boldsymbol{S}}(\omega,z)$ 满足[11]：

$$\frac{\partial \hat{\boldsymbol{S}}}{\partial z}=\boldsymbol{\beta}(\omega,z)\times\hat{\boldsymbol{S}} \tag{3-3-1}$$

$$\frac{\partial \hat{\boldsymbol{S}}}{\partial \omega}=\boldsymbol{\tau}(\omega,z)\times\hat{\boldsymbol{S}} \tag{3-3-2}$$

将式(3-3-1)两边对角频率求导，式(3-3-2)两边对距离求导，再让两式相等，得

$$\frac{\partial \boldsymbol{\beta}}{\partial \omega}\times\hat{\boldsymbol{S}}+\boldsymbol{\beta}\times(\boldsymbol{\tau}\times\hat{\boldsymbol{S}})=\frac{\partial \boldsymbol{\tau}}{\partial z}\times\hat{\boldsymbol{S}}+\boldsymbol{\tau}\times(\boldsymbol{\beta}\times\hat{\boldsymbol{S}}) \tag{3-3-3}$$

利用矢量关系 $\boldsymbol{a}\times(\boldsymbol{b}\times\boldsymbol{c})=(\boldsymbol{a}\cdot\boldsymbol{c})\boldsymbol{b}-(\boldsymbol{a}\cdot\boldsymbol{b})\boldsymbol{c}$ 可得

$$\frac{\partial \boldsymbol{\tau}}{\partial z}\times\hat{\boldsymbol{S}}=\frac{\partial \boldsymbol{\beta}}{\partial \omega}\times\hat{\boldsymbol{S}}+(\boldsymbol{\beta}\times\boldsymbol{\tau})\times\hat{\boldsymbol{S}} \tag{3-3-4}$$

上式对任意偏振态 $\hat{\boldsymbol{S}}$ 都成立，因此可以简化成

$$\frac{\partial \boldsymbol{\tau}}{\partial z}=\frac{\partial \boldsymbol{\beta}}{\partial \omega}+\boldsymbol{\beta}\times\boldsymbol{\tau} \tag{3-3-5}$$

式(3-3-5)即是所谓的动态方程，它建立了 PMD 矢量 $\boldsymbol{\tau}(\omega,z)$ 和双折射矢量 $\boldsymbol{\beta}(\omega,z)$ 之间的关系。

关于本地双折射 $\boldsymbol{\beta}(\omega,z)$，一般采用线性双折射模型[4]，表示为 $\boldsymbol{\beta}(\omega,z)=\boldsymbol{\beta}_0(\omega)+\sigma\boldsymbol{v}(z)$，其中 $\boldsymbol{\beta}_0(\omega)$ 与距离无关，$\sigma\boldsymbol{v}(z)$ 表示与距离有关的微扰双折射。$\boldsymbol{v}(z)=(v_1(z),v_2(z),v_3(z))^{\mathrm{T}}$ 的三个分量都是均值为 0、方差为 1 的高斯过程量。

3.3.2 偏振模色散矢量的级联规则[13]

普通光纤偏振模色散可以等效为多小段光纤级联产生总的偏振模色散。在已知各段光纤的 PMD 矢量情况下，怎样求得总的级联效果，要用到偏振模色散的级联规则。

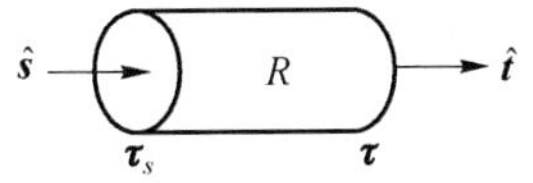

图 3-3-1 一段光纤

先考虑一段光纤的情况，设输入、输出偏振态分别为 $\hat{s}$ 和 $\hat{t}$，输入、输出偏振模色散矢量分别为 $\boldsymbol{\tau}_s$ 和 $\boldsymbol{\tau}$，光纤传输米勒矩阵为 $\boldsymbol{R}$，则有关系式

$$\boldsymbol{\tau}=\boldsymbol{R}\boldsymbol{\tau}_s,\quad \boldsymbol{\tau}_s=\boldsymbol{R}^{\dagger}\boldsymbol{\tau} \tag{3-3-6}$$

另外还有关系：

$$\boldsymbol{R}_{\omega}\boldsymbol{R}^{\dagger}=\boldsymbol{\tau}\times,\quad \boldsymbol{R}^{\dagger}\boldsymbol{R}_{\omega}=\boldsymbol{\tau}_s\times \tag{3-3-7}$$

再考虑两段光纤，各量如图 3-3-2 所示。

根据图 3-3-2，两段光纤中点的 PMD 矢量为

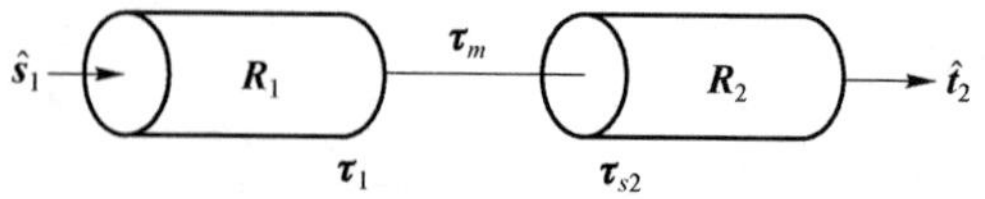

图 3-3-2 两段光纤

$$\boldsymbol{\tau}_m=\boldsymbol{\tau}_1+\boldsymbol{\tau}_{s2}=\boldsymbol{\tau}_1+\boldsymbol{R}_2^{\dagger}\boldsymbol{\tau}_2 \tag{3-3-8}$$

则输出端的 PMD 矢量为

$$\boldsymbol{\tau}=\boldsymbol{R}_2\boldsymbol{\tau}_m=\boldsymbol{R}_2(\boldsymbol{\tau}_1+\boldsymbol{R}_2^{\dagger}\boldsymbol{\tau}_2)=\boldsymbol{R}_2\boldsymbol{\tau}_1+\boldsymbol{\tau}_2 \tag{3-3-9}$$

为得到二阶偏振模色散，将式(3-3-9)两端对角频率求导

$$\begin{aligned}\boldsymbol{\tau}_\omega&=\boldsymbol{R}_2\boldsymbol{\tau}_{1\omega}+\boldsymbol{R}_{2\omega}\boldsymbol{\tau}_1+\boldsymbol{\tau}_{2\omega}\\&=\boldsymbol{\tau}_{2\omega}+\boldsymbol{R}_2\boldsymbol{\tau}_{1\omega}+\boldsymbol{R}_{2\omega}\boldsymbol{R}_2^{\dagger}(\boldsymbol{\tau}-\boldsymbol{\tau}_2)\end{aligned} \tag{3-3-10}$$

利用关系 $\boldsymbol{R}_{2\omega}\boldsymbol{R}_2^{\dagger}=\boldsymbol{\tau}_2\times$，

$$\begin{aligned}\boldsymbol{\tau}_\omega&=\boldsymbol{\tau}_{2\omega}+\boldsymbol{R}_2\boldsymbol{\tau}_{1\omega}+\boldsymbol{\tau}_2\times\boldsymbol{\tau}\\&=\boldsymbol{\tau}_{2\omega}+\boldsymbol{R}_2\boldsymbol{\tau}_{1\omega}+\boldsymbol{\tau}_2\times\boldsymbol{R}_2\boldsymbol{\tau}_1\end{aligned} \tag{3-3-11}$$

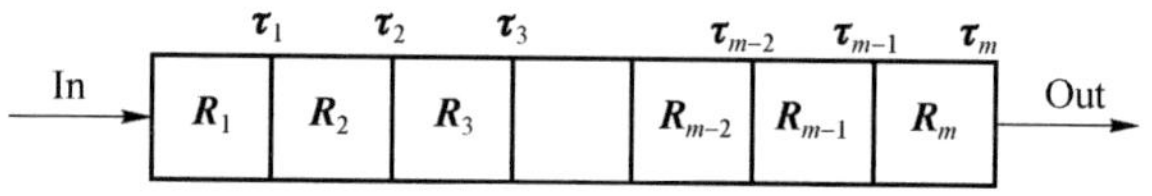

图 3-3-3 m 段光纤

对于 m 段光纤，由图 3-3-3，总的一阶 PMD 矢量为

$$\boldsymbol{\tau}=\sum_{n=1}^{m}\boldsymbol{R}(m,n+1)\boldsymbol{\tau}_n \tag{3-3-12}$$

总的二阶 PMD 矢量为

$$\boldsymbol{\tau}_\omega=\sum\boldsymbol{R}(m,n+1)[\boldsymbol{\tau}_{n\omega}+\boldsymbol{\tau}_n\times\boldsymbol{\tau}(n)] \tag{3-3-13}$$

其中，第 $m-n+1$ 段变换矩阵 $\boldsymbol{R}(m,n)=\boldsymbol{R}_m\boldsymbol{R}_{m-1}\cdots\boldsymbol{R}_n$，$\boldsymbol{R}(m,m)=\boldsymbol{R}_m$，$\boldsymbol{R}(m,m+1)=\boldsymbol{I}$。

3.3.3 琼斯矩阵传输法[14-17]

从式(3-2-8)出发，将 $\boldsymbol{U}'$ 写为 $\boldsymbol{U}_\omega$，k 写为 $\pm\Delta\tau/2$，则式(3-2-8)改写成

$$\left(\boldsymbol{U}_\omega\mp \mathrm{j}\,\frac{\Delta\tau}{2}\boldsymbol{U}\right)\hat{\varepsilon}_{a\pm}=0 \tag{3-3-14}$$

整理，得到

$$\mathrm{j}\boldsymbol{U}^{\dagger}\boldsymbol{U}_\omega\hat{\varepsilon}_{a\pm}=\pm\frac{1}{2}\Delta\tau\hat{\varepsilon}_{a\pm} \tag{3-3-15}$$

可见，输入主态 $\hat{\varepsilon}_{a\pm}$ 是矩阵 $\mathrm{j}\boldsymbol{U}^{\dagger}\boldsymbol{U}_\omega$ 的本征矢量，$\pm(1/2)\Delta\tau$ 是相应的本征值。

在式(3-3-15)两端同左乘 $\boldsymbol{U}$，注意到 $\hat{\varepsilon}_{b\pm}=\boldsymbol{U}\hat{\varepsilon}_{a\pm}$ 和 $\hat{\varepsilon}_{a\pm}=\boldsymbol{U}^{\dagger}\hat{\varepsilon}_{b\pm}$，可以得到输出主态的本征方程

$$\mathrm{j}\boldsymbol{U}_{\omega}\boldsymbol{U}^{\dagger}\hat{\varepsilon}_{b\pm}=\pm\frac{1}{2}\Delta\tau\hat{\varepsilon}_{b\pm} \tag{3-3-16}$$

输出主态 $\hat{\varepsilon}_{b\pm}$ 是矩阵 $\mathrm{j}\boldsymbol{U}_{\omega}\boldsymbol{U}^{\dagger}$ 的本征矢量，$\pm(1/2)\Delta\boldsymbol{\tau}$ 是相应的本征值。

利用 $\boldsymbol{U}^{\dagger}\boldsymbol{U}=\boldsymbol{U}\boldsymbol{U}^{\dagger}=\boldsymbol{I}$，两边对角频率微商，可得

$$\mathrm{j}\boldsymbol{U}^{\dagger}\boldsymbol{U}_{\omega}=-\mathrm{j}\boldsymbol{U}_{\omega}^{\dagger}\boldsymbol{U},\quad \mathrm{j}\boldsymbol{U}_{\omega}\boldsymbol{U}^{\dagger}=-\mathrm{j}\boldsymbol{U}\boldsymbol{U}_{\omega}^{\dagger} \tag{3-3-17}$$

再由运算公式$(\mathrm{j}\boldsymbol{U}^{\dagger}\boldsymbol{U}_{\omega})^{\dagger}=-\mathrm{j}\boldsymbol{U}_{\omega}^{\dagger}\boldsymbol{U}$、$(\mathrm{j}\boldsymbol{U}_{\omega}\boldsymbol{U}^{\dagger})^{\dagger}=-\mathrm{j}\boldsymbol{U}\boldsymbol{U}_{\omega}^{\dagger}$，可知 $\mathrm{j}\boldsymbol{U}^{\dagger}\boldsymbol{U}_{\omega}$ 和 $\mathrm{j}\boldsymbol{U}_{\omega}\boldsymbol{U}^{\dagger}$ 都是厄米矩阵。根据厄米矩阵的行列式等于它所有本征值的乘积，得 $\det(\mathrm{j}\boldsymbol{U}^{\dagger}\boldsymbol{U}_{\omega})=-\Delta\boldsymbol{\tau}^2/4$，注意到 $\det(\boldsymbol{U})=1$，得 $\Delta\tau$ 的另一种求法：

$$\Delta\boldsymbol{\tau}=2\sqrt{\det(\boldsymbol{U}_{\omega})} \tag{3-3-18}$$

这就是 3.2.1 小节的式(3-2-13)。

从第 2 章开始我们习惯于在琼斯空间用左右矢代表矢量。如果在琼斯空间中用 $|\boldsymbol{p}_{+}\rangle$代表输出慢主态 $\hat{\varepsilon}_{b+}$，$|\boldsymbol{p}_{-}\rangle$代表快主态 $\hat{\varepsilon}_{b-}$，则本征方程(3-3-16)可以写成

$$\mathrm{j}\boldsymbol{U}_{\omega}\boldsymbol{U}^{\dagger}|\boldsymbol{p}_{\pm}\rangle=\pm\frac{1}{2}\Delta\boldsymbol{\tau}|\boldsymbol{p}_{\pm}\rangle \tag{3-3-19}$$

由 2.3.1 小节可知，偏振光的检测往往是在斯托克斯空间由检偏器完成的，而对偏振态的控制是在实验室空间(即琼斯空间)完成的。因此需要建立偏振模色散在琼斯空间与斯托克斯空间之间的一些关系。

由式(3-2-14)知，斯托克斯空间中，偏振模色散矢量表示为

$$\boldsymbol{\tau}=\begin{pmatrix}\tau_1\\ \tau_2\\ \tau_3\end{pmatrix}=\Delta\boldsymbol{\tau}\begin{pmatrix}p_1\\ p_2\\ p_3\end{pmatrix} \tag{3-3-20}$$

利用泡利矩阵

$$\boldsymbol{\tau}\cdot\boldsymbol{\sigma}=\sum_{k=1}^{3}\tau_k\sigma_k=\tau_1\begin{pmatrix}1 & 0\\ 0 & -1\end{pmatrix}+\tau_2\begin{pmatrix}0 & 1\\ 1 & 0\end{pmatrix}+\tau_3\begin{pmatrix}0 & -\mathrm{j}\\ \mathrm{j} & 0\end{pmatrix}=\begin{pmatrix}\tau_1 & \tau_2-\mathrm{j}\tau_3\\ \tau_2+\mathrm{j}\tau_3 & -\tau_1\end{pmatrix} \tag{3-3-21}$$

可以证明：

$$\mathrm{j}\boldsymbol{U}_{\omega}\boldsymbol{U}^{\dagger}=\frac{1}{2}\boldsymbol{\tau}\cdot\boldsymbol{\sigma} \tag{3-3-22}$$

这样，本征方程(3-3-19)变为

$$(\boldsymbol{\tau}\cdot\boldsymbol{\sigma})|\boldsymbol{p}_{\pm}\rangle=\pm\Delta\boldsymbol{\tau}|\boldsymbol{p}_{\pm}\rangle \tag{3-3-23}$$

即 $\Delta\boldsymbol{\tau}$ 是矩阵 $\boldsymbol{\tau}\cdot\boldsymbol{\sigma}$ 的本征值，$|\boldsymbol{p}_{+}\rangle$是它的本征矢量。式(3-3-23)与 2.3.1 小节的式(2-3-14)是一致的。

由 3.2.1 小节的式(3-2-3)可知，$\boldsymbol{T}$ 矩阵是光纤的传输矩阵，它的作用是将输入电场矢量变换到输出电场矢量，$\boldsymbol{U}$ 矩阵是 $\boldsymbol{T}$ 矩阵除去共同指数因子后的矩阵。在本书中我们大都关注偏振态的变化。因为决定偏振态的变化的是两个正交分量的相

对相位差，而不是共同相位因子，因此我们只关注 $\boldsymbol{U}$ 矩阵，作为输入到输出偏振态的变换矩阵。在琼斯空间 $\boldsymbol{U}$ 矩阵的变换作用对应到斯托克斯空间就是一个旋转，偏振模色散 $\boldsymbol{\tau}$ 对系统的作用在斯托克斯空间相当于绕慢主态 $\hat{\boldsymbol{p}}=\boldsymbol{\tau}/\Delta\tau$ 旋转角度 φ。由 2.3.3 小节的式(2-3-33)，可以对应地得到琼斯空间中的变换矩阵 $\boldsymbol{U}$ 的表达式[18,19]：

$$\boldsymbol{U}=\cos(\varphi/2)\boldsymbol{I}-\mathrm{j}\,\frac{(\boldsymbol{\tau}\cdot\boldsymbol{\sigma})}{\Delta\tau}\sin(\varphi/2) \tag{3-3-24}$$

其中，当只考虑一阶偏振模色散时，$\varphi=\omega\Delta\tau$。

另外，变换矩阵 $\boldsymbol{U}$ 用 Caley-Klein 形式表示

$$\boldsymbol{U}=\begin{pmatrix} u_1 & u_2 \\ -u_2^* & u_1^* \end{pmatrix} \tag{3-3-25}$$

则斯托克斯空间的偏振模色散矢量 $\boldsymbol{\tau}=(\tau_1,\tau_2,\tau_3)^{\mathrm{T}}$ 各分量与 $\boldsymbol{U}$ 矩阵元素的关系为

$$\begin{aligned} \tau_1&=2\mathrm{j}(u_{1\omega}u_1^*+u_{2\omega}u_2^*) \\ \tau_2&=2\mathrm{Im}(u_{1\omega}u_2-u_{2\omega}u_1) \\ \tau_3&=2\mathrm{Re}(u_{1\omega}u_2-u_{2\omega}u_1) \end{aligned} \tag{3-3-26}$$

其中，$u_{1\omega}$ 与 $u_{2\omega}$ 表示 u_1 与 u_2 对角频率的导数。$\boldsymbol{\tau}=(\tau_1,\tau_2,\tau_3)^{\mathrm{T}}$ 的模值 $\Delta\boldsymbol{\tau}$ 为

$$\Delta\boldsymbol{\tau}=2\sqrt{|u_{1\omega}|^2+|u_{2\omega}|^2} \tag{3-3-27}$$

这与式(3-2-13)和式(3-3-18)是一致。

光纤偏振模色散的建模一般用下面的 N 段短光纤级联模型[20]。如前所述，整段光纤可以看成由多段双折射均匀的光纤小段级联而成，第 i 段光纤产生的 DGD 为 $\Delta\tau_i$，慢轴的取向为 θ_i，如图 3-3-4 所示。

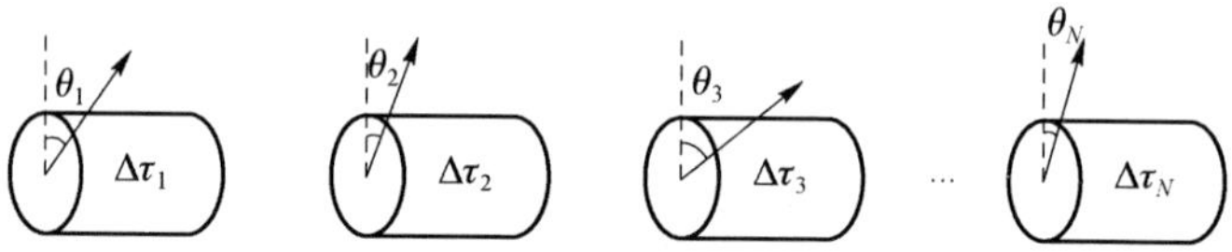

图 3-3-4 计算光纤 PMD 的模型

每小段光纤可以看成是一个相位延迟器，第 i 段产生 $\omega\Delta\tau_i$ 的相位延迟，其传输琼斯矩阵为(参见 2.2.2 小节的式(2-2-10))

$$\boldsymbol{J}_i(\omega,\Delta\boldsymbol{\tau}_i)=\begin{pmatrix} \exp[\mathrm{j}(\omega\Delta\boldsymbol{\tau}_i/2)] & 0 \\ 0 & \exp[-\mathrm{j}(\omega\Delta\boldsymbol{\tau}_i/2)] \end{pmatrix} \tag{3-3-28}$$

光纤取向 θ_i，需要一个旋转矩阵 $\boldsymbol{D}_i(\theta_i)$ 将小段光纤旋转到本征坐标系处理，

$$\boldsymbol{D}_i(\theta_i)=\begin{pmatrix} \cos\theta_i & \sin\theta_i \\ -\sin\theta_i & \cos\theta_i \end{pmatrix} \tag{3-3-29}$$

完成相位延迟后，再利用 $\boldsymbol{D}_i(-\theta_i)$ 反旋转回去。这样第 i 个光纤小段的琼斯传输矩阵为

$$\boldsymbol{U}_i(\omega)=\boldsymbol{D}_i(-\theta_i)\boldsymbol{J}_i(\omega,\Delta\boldsymbol{\tau}_i)\boldsymbol{D}_i(\theta_i) \tag{3-3-30}$$

可以证明式(3-3-30)与式(3-3-24)是等价的。

最终整段光纤的琼斯传输矩阵为

$$\boldsymbol{U}(\omega)=\prod_{i=1}^{N}\boldsymbol{D}_i(-\theta_i)\boldsymbol{J}_i(\omega,\Delta\boldsymbol{\tau}_i)\boldsymbol{D}_i(\theta_i) \tag{3-3-31}$$

求整段光纤的差分群时延 $\Delta\tau$ 是将式(3-3-31)代入式(3-3-18)或者式(3-3-27)计算求得,或是利用式(3-3-16)和式(3-3-19)计算本征值确定 $\Delta\boldsymbol{\tau}$。但是由于每小段光纤的慢轴取向 θ_i 往往是随机给出的,我们只能利用统计方法给出整段光纤的 $\Delta\boldsymbol{\tau}$ 与每小段光纤的 $\Delta\boldsymbol{\tau}_i$ 之间的统计关系

$$\langle\Delta\boldsymbol{\tau}^2\rangle=\sum_{i=1}^{N}\langle\Delta\boldsymbol{\tau}_i{}^2\rangle \tag{3-3-32}$$

根据式(3-3-31)得到 $\boldsymbol{U}(\omega)$ 以后,利用式(3-3-16)和式(3-3-19) 不但能够根据计算本征值确定一阶偏振模色散的数值 $\Delta\boldsymbol{\tau}$,还能够确定出偏振模色散的主态方向 $|\boldsymbol{p}\rangle$ 和 $|\boldsymbol{p}_-\rangle$,可以利用式(2-3-13)得到慢主态 $|\boldsymbol{p}\rangle$ 在斯托克斯空间的对应单位矢量 $\hat{\boldsymbol{p}}=\langle\boldsymbol{p}|\boldsymbol{\sigma}|\boldsymbol{p}\rangle/|\langle\boldsymbol{p}|\boldsymbol{\sigma}|\boldsymbol{p}\rangle|$,进而在斯托克斯空间计算二阶偏振模色散 $\boldsymbol{\tau}_\omega=\mathrm{d}\boldsymbol{\tau}/\mathrm{d}\omega$,乃至其他高阶偏振模色散。上述利用 N 段短光纤级联的模型原则上可以计算出任意阶偏振模色散。但是对于大多数场景,只要计算到二阶偏振模色散即可。

在光纤通信系统的研究中,许多时候需要建立含有偏振模色散的光纤信道的简单模型,问题归结为给定光纤信道的偏振模色散以后,作用在光信号上的变换矩阵 $\boldsymbol{U}(\omega)$ 的简单形式是怎样的?

假如只建立具有一阶偏振模色散的信道模型,给定一阶偏振模色散矢量 $\boldsymbol{\tau}=(\tau_1,\tau_2,\tau_3)^{\mathrm{T}}=\Delta\boldsymbol{\tau}(p_1,p_2,p_3)^{\mathrm{T}}=\Delta\boldsymbol{\tau}\hat{\boldsymbol{p}}$ 之后,可以利用式(3-3-25)、式(3-3-26)和式(3-3-27)建立 $\boldsymbol{U}(\omega)$;也可以利用式(3-3-24)建立 $\boldsymbol{U}(\omega)$。假如还需计及二阶偏振模色散,其变换矩阵 $\boldsymbol{U}(\omega)$ 用下式计算[21]:

$$\begin{cases}\boldsymbol{U}=\cos(\varphi/2)\boldsymbol{I}-\mathrm{j}(\hat{\boldsymbol{r}}\cdot\boldsymbol{\sigma})\sin(\varphi/2)\\ \varphi=\omega\Delta\boldsymbol{\tau}+\omega^2\Delta\boldsymbol{\tau}_\omega/2\\ \hat{\boldsymbol{r}}=\hat{\boldsymbol{p}}+\omega\hat{\boldsymbol{p}}_\omega/2\end{cases} \tag{3-3-33}$$

与式(3-3-24)的不同在于:这里旋转角 φ 包含了二阶 PMD 的 PCD 分量,而旋转轴 $\hat{\boldsymbol{r}}$ 包含了二阶 PMD 的去偏振分量。

3.3.4 光纤偏振模色散的统计规律

光纤的偏振模色散的起因是光纤里的随机双折射,因此偏振模色散具有统计特性,本节介绍一阶偏振模色散与二阶偏振模色散的统计规律。

利用图 3-3-4,将光纤分成若干个光纤小段,每小段的长度设为 l_i,由光纤偏振模色散系数 D_{PMD} 可以求出小段光纤的群时延 $\Delta\boldsymbol{\tau}_i(l_i)$[22]:

$$\Delta\boldsymbol{\tau}_i(l_i)=\sqrt{\frac{3\pi l_i}{8}}D_{\mathrm{PMD}} \tag{3-3-34}$$

另外每一小段光纤的取向角 θ_i 设成在[0, 2π]之间随机分布。这样利用式(3-3-31)计算出 $\boldsymbol{U}(\omega)$，再利用式(3-3-19)计算出整段光纤的差分群时延 $\Delta\boldsymbol{\tau}$ 与偏振主态 $|\boldsymbol{p}\rangle$。对应到斯托克斯空间得到 $\hat{\boldsymbol{p}}$，通过式(3-2-20)可以求出二阶偏振模色散。

由于取向角的随机分布，上述计算每进行一次的结果都会不同，我们需要进行多个样本的计算，才能完成统计。

利用上述方法可以分析 200 km，PMD 系数为 3 ps/$\sqrt{\mathrm{km}}$的光纤的偏振模色散，光纤分成的段数 $N=1\ 000$，计算的波长范围为 1 500～1 580 nm，波长间隔为 0.01 nm，计算样本为 1 000 个。分析结果如图 3-3-5 所示。

图 3-3-5(a)显示光纤一阶 PMD 的统计分布是 Maxwell 分布，这与理论结果是一致的[9]，理论上的分布为

$$P(x=\Delta\boldsymbol{\tau})=\frac{32x^2}{\pi^2\ \langle\Delta\boldsymbol{\tau}\rangle^2}\exp\left[-\left(\frac{4x^2}{\pi\ \langle\Delta\boldsymbol{\tau}\rangle^2}\right)\right] \tag{3-3-35}$$

其中，$\langle\Delta\boldsymbol{\tau}\rangle$是平均 DGD。

可以证明平均 DGD$\langle\Delta\boldsymbol{\tau}\rangle$与均方根 DGD $\sqrt{\langle\Delta\boldsymbol{\tau}^2\rangle}$之间的关系为[23]

$$\langle\Delta\boldsymbol{\tau}\rangle=\sqrt{\frac{8}{3\pi}}\sqrt{\langle\Delta\boldsymbol{\tau}^2\rangle} \tag{3-3-36}$$

图 3-3-5(b)是与 PCD 相关的二阶 PMD 平行分量 $\Delta\boldsymbol{\tau}_\omega$(即 DGD 变化斜率)的统计分布图，其理论分布概率密度为[9]

$$P(x=\Delta\boldsymbol{\tau}_\omega)=\frac{2}{\langle\Delta\boldsymbol{\tau}\rangle^2}\mathrm{sech}\left(\frac{4x}{\langle\Delta\boldsymbol{\tau}\rangle^2}\right) \tag{3-3-37}$$

图中显示，PCD 的统计平均值为零，且 PCD 趋向于分布在这个零均值附近，因此从统计上说，二阶 PMD 的平行分量是一个小分量。

图 3-3-5(c)是与 PSPrr 相关的二阶 PMD 垂直分量$|\Delta\boldsymbol{\tau}\hat{\boldsymbol{p}}_\omega|$(去偏振分量)的统计分布图，其理论分布概率密度为[9]

$$P(x=|\Delta\boldsymbol{\tau}\hat{\boldsymbol{p}}_\omega|)=x\left(\frac{8}{\pi\ \langle\Delta\boldsymbol{\tau}\rangle^2}\right)\int_0^\infty \mathrm{d}\alpha \mathrm{J}_0\left(\frac{8\alpha x}{\pi\ \langle\Delta\boldsymbol{\tau}\rangle^2}\right)\mathrm{sech}(\alpha)\ \sqrt{\alpha\tanh\alpha} \tag{3-3-38}$$

其中，$\mathrm{J}_0(x)$是零阶 Bessel 函数。不像 PCD 分量是统计小分量，去偏振分量统计上是大分量。

图 3-3-5(d)是总的二阶 PMD 模$|\boldsymbol{\tau}_\omega|$的统计分布图，其理论分布概率密度为[9]

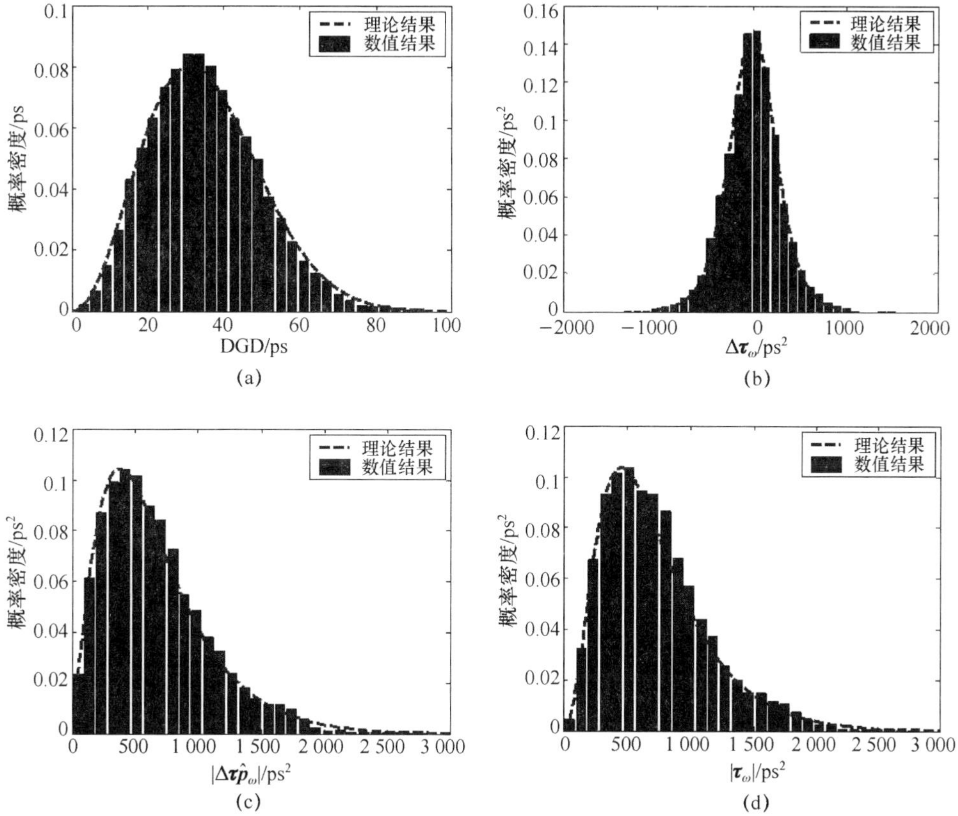

图 3-3-5 200 km，PMD 系数为 3 ps/$\sqrt{\text{km}}$的光纤的偏振模色散的统计分布图

图 3-3-5 中，(a)为一阶 PMD 的统计分布图，平均 DGD＝42.4 ps；(b)为二阶 PMD 平行分量 $\Delta\tau_\omega$ 的统计分布图；(c)为二阶 PMD 垂直分量$|\Delta\tau\hat{p}_\omega|$的统计分布图；(d)为二阶总 PMD 大小的统计分布图。

$$P(x=|\tau_\omega|)=\frac{8}{\pi\langle\Delta\tau\rangle^2}\frac{4x}{\langle\Delta\tau\rangle^2}\tanh\left(\frac{4x}{\langle\Delta\tau\rangle^2}\right)\text{sech}\left(\frac{4x}{\langle\Delta\tau\rangle^2}\right) \tag{3-3-39}$$

在做偏振模色散统计时，可以取不同时刻的数据样本，也可以取同一时刻不同波长的数据样本。图 3-3-6 显示了一根平均 DGD 为 24.0 ps 的光纤在波长范围 1 558～1 562 nm 内的测量结果。图 3-3-6(a)是差分群时延 DGD 随波长的变化，可见在不同波长处 DGD 不同，可以出现非常大的 DGD 值(如 1 558.8 nm 处 DGD 约为 43 ps)，也可以出现非常小的 DGD 值(如 1 559.8 nm 处约为 4.9 ps)。图 3-3-6(b)是 DGD 变化斜率，(c)是主态旋转率 PSPrr，图(d)是(c)中标注的波长范围内在庞加莱球上慢主态 $\hat{p}$ 的变化轨迹。图(c)在 1 560.2 nm 附近有一个剧烈变化的峰值，这在图(d)中的反映是在该波长处主态方向有剧烈的转向。

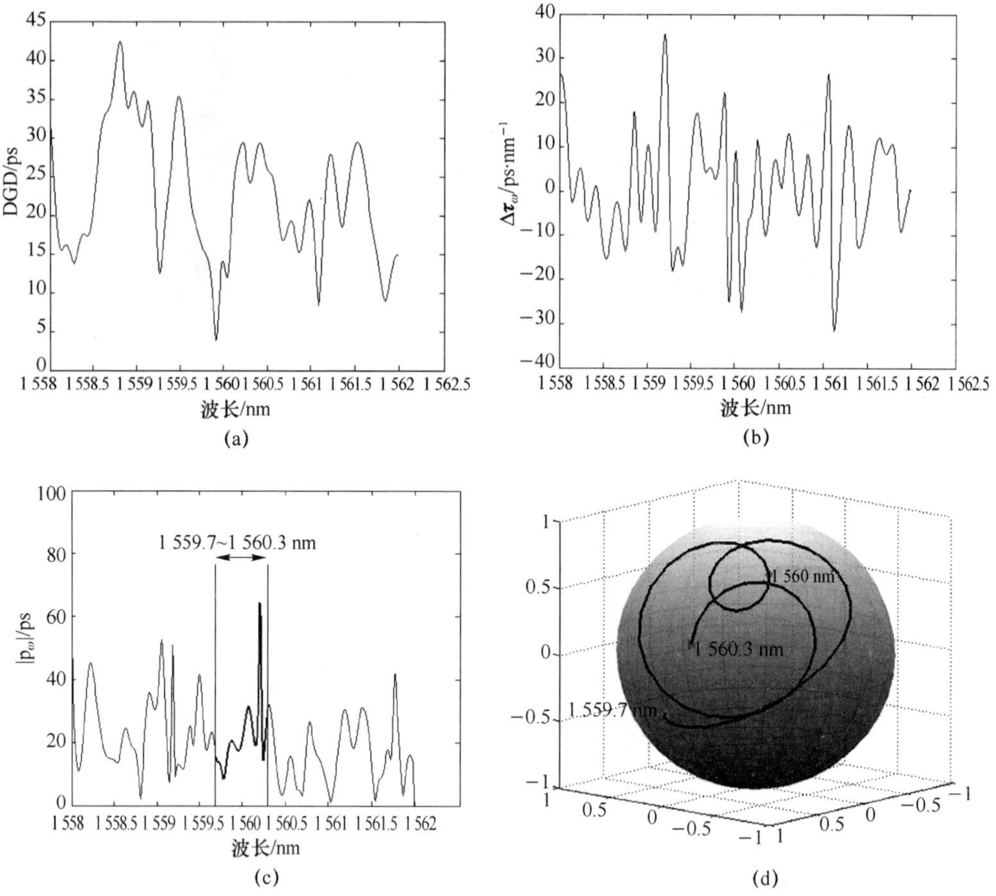

图 3-3-6　一根平均 DGD 为 24.0 ps 的光纤在波长范围 1 558～1 562 nm 内的测量结果

3.3.5　偏振模式耦合

如 3.1 节所述，光纤中的残余双折射特性可以分成“短光纤”的特性与“长光纤”的特性。对于短光纤，其残余双折射可以看成是均匀的，其快、慢偏振模之间没有耦合，其差分群时延正比于传输距离 $\Delta\boldsymbol{\tau}\propto L$。而长光纤的残余双折射是局部的、随机变化的。因此我们往往将整个光纤分为一系列级联的双折射均匀的小段，每段光纤的快慢轴取向以及双折射大小都是随机的，造成了需要用统计方法来分析偏振模色散。每一段光纤的快、慢轴与下一段的快、慢轴并不对准，因此每一段光纤的双折射或者增加或者减小光纤总的双折射，光纤总的差分群时延不再与光纤长度呈现线性增长关系，其统计平均值正比于光纤长度的平方根 $\langle\Delta\boldsymbol{\tau}\rangle\propto\sqrt{L}$。

C. D. Poole 将上述长光纤的双折射现象描述成快慢偏振模之间的耦合[23]，可以由图 3-3-7 加以说明。假定有大量处于相同随机扰动环境(比如处于相同的随机温度环境、成缆环境、铺设环境等)的光纤样本,入纤处激励一个偏振模式,比如线偏振光,在庞加莱球上对应为一个点。在传输过程中,刚开始,还能保持原偏振态。但是随着传输距离增长,统计地看随机扰动会使光功率逐渐耦合到另一个偏振模式。在庞加莱球上看,不同光纤样本的输出偏振态分布到更大的区域里,直到统计地看两个正交的偏振模式的功率相近时$\langle \boldsymbol{P}_{\parallel} \rangle \approx \langle \boldsymbol{P}_{\perp} \rangle$,输出偏振态已经均匀地分布在庞加莱球上了。

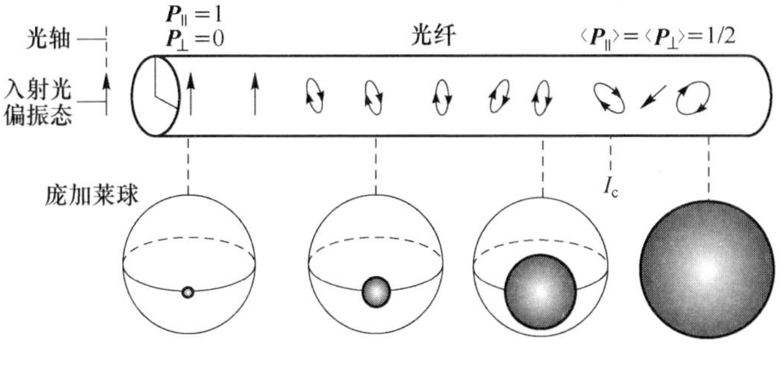

图 3-3-7 模式耦合造成长光纤中的偏振去相关

短光纤情形被认为是极弱耦合的情形,也称为非模式耦合情形(non-mode-coupled),而长光纤被认为是模式耦合情形(mode-coupled)。定义一个耦合长度(也称为相关长度(correlation length))L_c 来区分模式耦合与非模式耦合情形。相关长度 L_c 定义为模式已经充分耦合的长度,使得[24]

$$\frac{\langle \boldsymbol{P}_{\parallel}(L_c)\rangle - \langle \boldsymbol{P}_{\perp}(L_c)\rangle}{\boldsymbol{P}_{\text{total}}} = \frac{1}{e^2} \tag{3-3-40}$$

C. D. Poole 利用耦合长度给出了差分群时延平方平均值满足:

$$\langle \Delta\boldsymbol{\tau}^2 \rangle = 2\left(\Delta\boldsymbol{\tau}_B \frac{L_c}{L_B}\right)^2 (L/L_c + e^{-L/L_c} - 1) \tag{3-3-41}$$

其中,$\Delta\boldsymbol{\tau}_B$ 是光纤一个拍长 L_B 内产生的差分群时延。

当 $L \ll L_c$,属于非模式耦合情形,按照短光纤处理,此时差分群时延的方均根值

$$\Delta\boldsymbol{\tau}_{\text{rms}} = \sqrt{\langle \Delta\boldsymbol{\tau}^2 \rangle} = \sqrt{2}\left(\Delta\boldsymbol{\tau}_B \frac{L_c}{L_B}\right)\sqrt{L/L_c - 1 + [1 - L/L_c + (L/L_c)^2/2]}$$
$$= \frac{\Delta\boldsymbol{\tau}_B}{L_B} L \tag{3-3-42}$$

当 $L \gg L_c$,属于模式耦合情形,按照长光纤处理,此时差分群时延的方均根值

$$\Delta\boldsymbol{\tau}_{\text{rms}} = \sqrt{\langle \Delta\boldsymbol{\tau}^2 \rangle} = \sqrt{2}\left(\Delta\boldsymbol{\tau}_B \frac{L_c}{L_B}\right)\sqrt{L/L_c} = \left(\sqrt{2L_c}\frac{\Delta\boldsymbol{\tau}_B}{L_B}\right)\sqrt{L} \tag{3-3-43}$$

3.3.6 耦合非线性薛定谔方程法与马纳科夫方程[25-28]

以上的讨论都是将光纤信道看成是线性系统,不适合含有非线性效应的光纤信

道。描述单偏振的非线性光纤信道，可以用非线性薛定谔方程处理；描述双偏振的单模光纤非线性信道，不计入偏振模色散效应，可以用耦合的非线性薛定谔方程处理。在双偏振光纤信道，如果偏振模色散与非线性效应均不能忽略，处理的方法是什么？

1987 年 C. R. Menyuk 给出双折射光纤中光脉冲非线性传输的耦合非线性薛定谔方程，光脉冲在快慢轴两个方向的振幅满足[25]：

$$\begin{cases} \mathrm{j}\,\dfrac{\partial A_x}{\partial z}+\mathrm{j}\,\dfrac{1}{2}\Delta\beta'\dfrac{\partial A_x}{\partial t}-\dfrac{1}{2}\beta''\dfrac{\partial^2 A_x}{\partial t^2}+\gamma\left(|A_x|^2+\dfrac{2}{3}|A_y|^2\right)A_x+\mathrm{j}\,\dfrac{\alpha}{2}A_x=0 \\ \mathrm{j}\,\dfrac{\partial A_y}{\partial z}-\mathrm{j}\,\dfrac{1}{2}\Delta\beta'\dfrac{\partial A_y}{\partial t}-\dfrac{1}{2}\beta''\dfrac{\partial^2 A_y}{\partial t^2}+\gamma\left(|A_y|^2+\dfrac{2}{3}|A_x|^2\right)A_y+\mathrm{j}\,\dfrac{\alpha}{2}A_y=0 \end{cases} \tag{3-3-44}$$

其中，$\Delta\beta'=(\beta'_x-\beta'_y)$为快慢轴之间一阶群速度差，$\beta''$为二阶群速度色散，$\gamma$ 为光纤非线性系数，α 为光纤损耗。

对于含有 PMD 的光纤，其 PMD 系数为 D_{PMD}，可以把光纤分成若干小段级联，每段长度 z_h，双折射 Δn，它们之间满足[27]：

$$D_{\mathrm{PMD}}=\sqrt{\frac{8}{3\pi}}\frac{\Delta n}{c}\sqrt{z_h} \tag{3-3-45}$$

光脉冲在每段之内由耦合波方程(3-3-44)处理。两段之间，正交主态经历一个随机角度 θ 的旋转和一个随机相位延迟 φ[30]（相对于两段光纤之间由一个随机取向、随机相位延迟的偏振控制器连接）

$$\begin{pmatrix} A'_x \\ A'_y \end{pmatrix}=\begin{pmatrix} \cos\theta & \sin\theta\mathrm{e}^{\mathrm{j}\varphi} \\ -\sin\theta\mathrm{e}^{-\mathrm{j}\varphi} & \cos\theta \end{pmatrix}\begin{pmatrix} A_x \\ A_y \end{pmatrix} \tag{3-3-46}$$

θ 和 φ 随机均匀分布在$[0,\ 2\pi]$之内。

如果假定输出偏振态与输入偏振态无关，输出偏振态均匀分布在庞加莱球上，忽略损耗的情况下，可以把耦合波方程变化成马纳科夫(Manakov)方程[30]：

$$\mathrm{j}\,\frac{\partial}{\partial \boldsymbol{Z}}\begin{pmatrix} \boldsymbol{U} \\ \boldsymbol{V} \end{pmatrix}+\frac{1}{2}\frac{\partial^2}{\partial \boldsymbol{T}^2}\begin{pmatrix} \boldsymbol{U} \\ \boldsymbol{V} \end{pmatrix}+\frac{8}{9}(|\boldsymbol{U}|^2+|\boldsymbol{V}|^2)\begin{pmatrix} \boldsymbol{U} \\ \boldsymbol{V} \end{pmatrix}=0 \tag{3-3-47}$$

其中，$\boldsymbol{Z}$、$\boldsymbol{T}$、$\boldsymbol{U}$、$\boldsymbol{V}$ 均为归一化变量。

本章参考文献

[1] POOLE C D, WAGNER R E. Phenomenological approach to polarization dispersion in long single-mode fibers [J]. Electronic Letters, 1986, 22(19): 1029-1030.

[2] POOLE C D, GILES C R. Polarization-dependent pulse compression and

broadening due to polarization dispersion in dispersion-shifted fiber [J]. Optics Letters, 1988, 13(2): 155-157.

[3] POOLE C D, BERGANO N S, WAGNER R W, SCHULTE H J. Polarization dispersion and principal states in a 147-km undersea lightwave cable [J]. Journal of Lightwave Technology, 1988, 6(7): 1185-1190.

[4] FOSCHINI G J, POOLE C D. Statistical theory of polarization dispersion in single mode fibers [J]. Journal of Lightwave Technology, 1991, 9(11): 1439-1456.

[5] GLEESON L, SIKORA E, O'MAHONEY M J. Experimental and numerical investigation into the penalties induced by second-order polarization mode dispersion at 10Gb/s [C]. Proceedings of European Conference on Optical Communications (ECOC), Edinburgh, UK, 1997:15-18.

[6] BÜLOW H. System outage probability due to first-and second-order PMD [J]. IEEE Photonics Technology Letters, 1998, 10(5): 696-698.

[7] FOSCHINI G J, JOPSON R M, NELSON L E, KOGELNIK H. The statistics of PMD-induced chromatic fiber dispersion [J]. Journal of Lightwave Technology, 1999, 17(9): 1560-1565.

[8] FRANCIA C, BRUYÈRE F, PENNINCKX D, CHBAT M. PMD Second-Order Effects on Pulse Propagation in Single-Mode Optical Fibers [J]. IEEE Photonics Technology Letters, 1998, 10(12): 1739-1741.

[9] KOGELNIK H, JOSON R M. Polarization-mode dispersion, in Optical Fiber Telecommunications IVB [M]. Ed. By KAMINOW I, LI T Y, San Diego: Academic Press, 2002, Chap. 15.

[10] ANDRESCIANI D, CURTI F, MATERA F, DIANO B. Measurement of the group-delay difference between the principal states of polarization on a low birefringence terrestrial fiber cable [J]. Optics Letters, 1987, 12(10): 844-846.

[11] POOLE C D, WINTERS J H, NAGEL J A. Dynamical equation for polarization dispersion [J]. Optics Letters, 1991, 16(6): 372-374.

[12] WAI P K A, MENYUK C R. Polarization mode dispersion, decorrelation, and diffusion in optical fibers with randomly varying birefringence [J]. Journal of Lightwave Technology, 1996, 14(2): 148-157.

[13] GORDON J P, KOGELNIK H. PMD fundamentals: polarization mode dispersion in optical fiber [J]. Proceedings of the National Academey of Science of the United States of America, 2000, 97(9): 4541-4550.

[14] BRUYÈRE F. Impact of first-and second-order PMD in optical digital transmission systems [J]. Optical Fiber Technology, 1996, 2(3): 269-280.

[15] PENNINCKX D, MORÉNAS V. Jones matrix of polarization mode dispersion [J]. Optics Letters, 1999, 24(13): 875-877.

[16] EYAL A, MARSHALL W K, TUR M, etc. Representation of second-order polarization mode dispersion [J]. Electronics Letters, 1999, 35(19): 1658-1659.

[17] KOGELNIK H, NELSON L E, GORDON J P, etc. Jones matrix for second-order polarization mode dispersion [J]. Optics Letters, 2000, 25(1):19-21.

[18] JONESR C. A new calculus for the treatment of optical systems. Ⅶ. properties of the N-matrices [J]. Journal Optical Society of America, 1948, 38(8): 671-685.

[19] SZAFRANIEC B, MARSHALL T S, NEBENDAHL B. Performance monitoring and measurement techniques for coherent optical systems [J]. Journal of Lightwave Technology, 2013, 31(4): 648-663.

[20] POOLE C D, FAVIN D L. Polarization-mode dispersion measurements based on transmission spectra through a polarizer [J]. Journal of Lightwave Technology, 1994, 12(6): 917-929.

[21] KOGELNIK H, NELSON L E, GORDON J P. Emulation and inversion of polarization-mode dispersion [J]. Journal of Lightwave Technology, 2003, 21(2): 482-495.

[22] 蔡炬，徐铭，杨祥林. 单模光纤偏振模色散统计特性的分析[J]. 光学学报，2003，23(2)：170-175.

[23] POOLE C D, NAGEL J. Polarization effects in lightwave systems, in Optical Fiber Telecommunications Ⅲ A [M]. Ed. By KAMINOW I, KOCH T, San Diego: Academic Press, 1997, Chap. 6.

[24] KAMINOW I. Polarization in optical fibers [J]. IEEE Journal of Quantum Electronics, 1981, 17(1): 15-22.

[25] MENYUK C R. Nonlinear pulse propagation in birefringent optical fibers [J]. IEEE Journal of Quantum Electronics, 1987, 23(2): 174-176.

[26] MATSUMOTO M, AKAGI Y, HASEGAWA A. Propagation of soliton in fibers with randomly varying birefringence: effects of soliton transmission control [J]. Journal of Lightwave Technology, 1997, 15(4): 584-589.

[27] ELEFTHERIANOS C A, SYVRIDIS D, SPHICOPOULOS T, CAROUBALOS C.

Influence of polarization mode dispersion on the transmission of parallel and orthogonally polarized solitons at 40Gb/s [J]. Optics Communications, 1998, 154(1-3): 14-18.

[28] MARCUSE D, MENYUK C R, WAI P K A. Application of the Manakov-PMD equation to studies of signal propagation in optical fibers with randomly varying birefringence [J]. Journal of Lightwave Technology, 15(9): 1735-1746.

[29] AGRAWAL G P. Nonlinear Fiber Optics, 5th ed, Amsterdam: Academic Press, 2013.

[30] WAI P K A, MENYUK C R, CHEN H H. Stability of soliton in randomly varying birefringent fibers [J]. Optics Letters, 1991, 16(16): 1231-1233.

[31] GALTAROSSA A, MENYUK C R. Polarization mode dispersion [M]. New York: Springer, 2005.

[32] DAMASK J N. Polarization Optics in Telecommunications[M]. New York: Springer, 2005.

[33] KOGELNIK H, JOSON R M. Polarization-mode dispersion, in Optical Fiber Telecommunications IVB [M]. Ed. By KAMINOW I, LI T Y, San Diego: Academic Press, 2002, Chap. 15.

第 4 章　偏振模色散的测量方法

偏振模色散的测量是研究偏振模色散的重点之一。由于偏振模色散的随机性与统计性，其测量的复杂程度远远大于光纤其他参数的测量。国际电信联盟(International Telecommunications Union，ITU)、国际电工委员会(International Electrotechnical Commission，IEC)以及电信行业协会(Telecommunications Industries Association，TIA)都为偏振模色散的测量制定了推荐标准。本章将介绍偏振模色散测量的较成熟的方法。

关于偏振模色散的测量方法有两种分类。根据测量是在时域还是在频域进行，分成时域测量法(Time-domain Measurement)和频域测量法(Frequency-domain Measurement)。这种分法是 P. A. Williams 总结的[1]。后来 J. N. Damask 又根据在实用中所关注的具体参量与场景将偏振模色散测量分成以下三类[2]：如果关注光纤平均差分群时延，这类测量方法有波长扫描法(Wavelength Scanning，WS)和干涉仪测量法(Interferometric Method，INTY)；如果关注的是差分群时延关于波长的分布，或者还关注偏振模色散的主态方向，亦即关注偏振模色散的矢量特性，这类测量方法有琼斯矩阵特征值分析法(Jones Matrix Eigenanalysis，JME)、米勒矩阵方法(Mueller Matrix Method，MMM)、庞加莱球分析法(Poincaré Sphere Analysis，PSA)等；如果关注的是光纤局部双折射的分布变化，这类测量方法有偏振时域反射计法(Polarization Optical Time Domain Reflectomerty，P-OTDR)。

实际上，Damask 分类法中的 INTY 法和 P-OTDR 法是 Williams 分类法中的时域测量法，而 JME、MMM 和 PSA 是频域测量法。下面按照 Williams 分类法，介绍一些典型的测量方法。

4.1　偏振模色散的时域测量方法

4.1.1　光脉冲延迟法[3]

光脉冲延迟法主要是基于 C. D. Poole 的主态理论。如图 4-1-1 所示，当光脉冲分别对准光纤的快主态和慢主态时，分别得到时延 τ_f 和 τ_s，则差分群时延为 $\Delta\tau=\tau_s-\tau_f$。

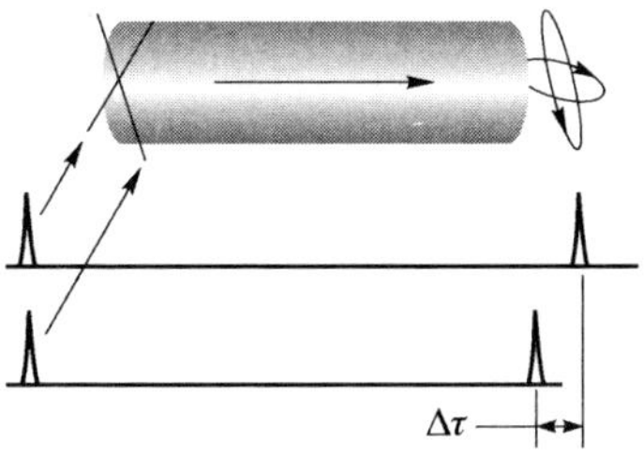

图 4-1-1 光脉冲延迟法原理图

图 4-1-2 光脉冲延迟法测量 PMD 装置[8]

C. D. Poole 早在 1988 年的实验[4]就属于这种测量方法，随后 Namihira 等人和 Bakhshi 等人完善了这种方法[3,5]。图 4-1-2 给出了 Namihira 论文中的方法装置。由脉冲半导体激光器产生窄脉冲，经过偏振片后变成线偏振光，沿着与两个主态成 45°角的偏振方向入射待测光纤(Fiber Under Test，FUT)，在其输出端由于偏振模色散在两个偏振主态之间形成差分群时延，在示波器上看到的是脉冲分裂。尽管这种方法简单、直观，但由于脉冲宽度和示波器精度的限制，本方法只有在测量较大 DGD 时才能比较准确。

4.1.2 偏分孤子法[6]

鉴于光脉冲延迟法对于小 DGD 情况下测量精确度低的缺点，北京邮电大学课题组首次提出并实现了偏振复用孤子法[6]。其测量装置如图 4-1-3 所示。

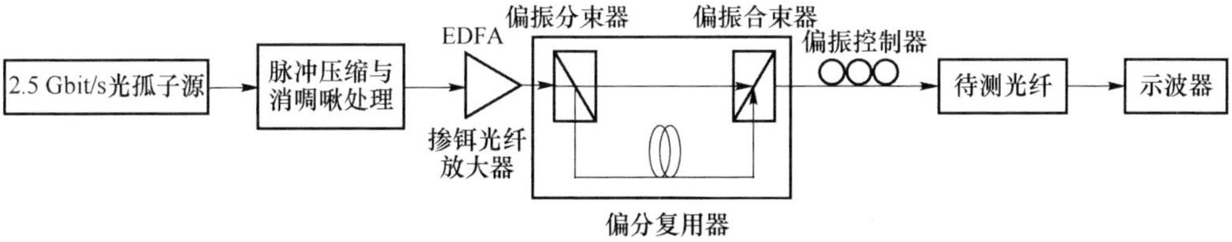

图 4-1-3 偏分孤子测量 PMD 装置

这种测量方法一方面利用了孤子所特有的抵抗色度色散而脉冲展宽不大的特点，另一方面利用偏振复用孤子偏振方向的特点，使测量更简单、更准确。

偏分孤子法测量 PMD 的原理如图 4-1-4 所示，其中偏分复用器的作用是：孤子脉冲经偏振分束以后，经两路不同路径的光纤再合束，产生两组偏振正交的孤子脉冲，它们之间有 T_{in} 的延时(时延大小由偏分复用器中两路光纤的时延差决定)。调整偏振控制器，使脉冲靠前的一组孤子的偏振方向与 DGD 为 $\Delta\tau$ 的待测光纤快主态重合，则靠后的另一组孤子的偏振方向必然与待测光纤的慢主态重合（如图 4-1-4(a)所示），在终端检测时两组正交孤子之间延时将进一步扩大为

$$T_{max}=T_{in}+\Delta\tau \tag{4-1-1}$$

再调整偏振控制器，使脉冲靠前的一组孤子的偏振方向与待测光纤慢主态重合（如图 4-1-4(b)所示），在终端检测时两组正交孤子之间延时将缩小为

$$T_{min}=T_{in}-\Delta\tau \tag{4-1-2}$$

综合式(4-1-1)和式(4-1-2)，待测光纤的差分群时延为

$$\Delta\tau=\frac{T_{max}-T_{min}}{2} \tag{4-1-3}$$

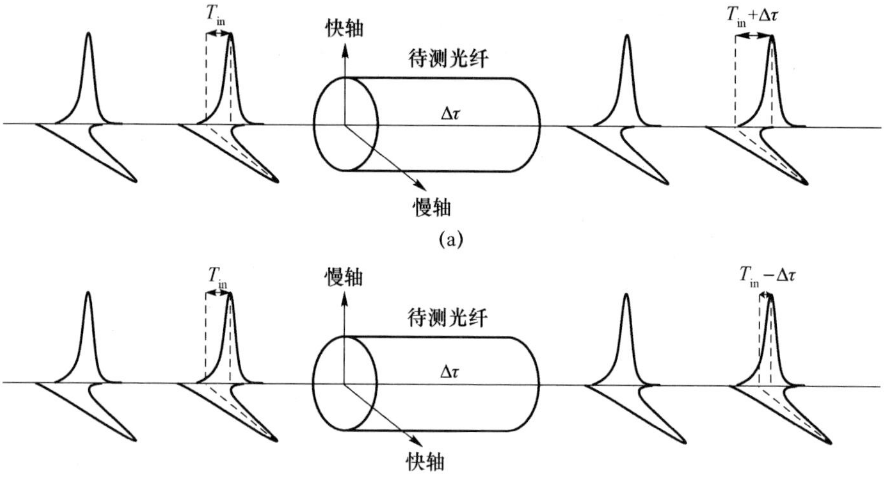

(b)

图 4-1-4　偏分孤子测量 PMD 原理

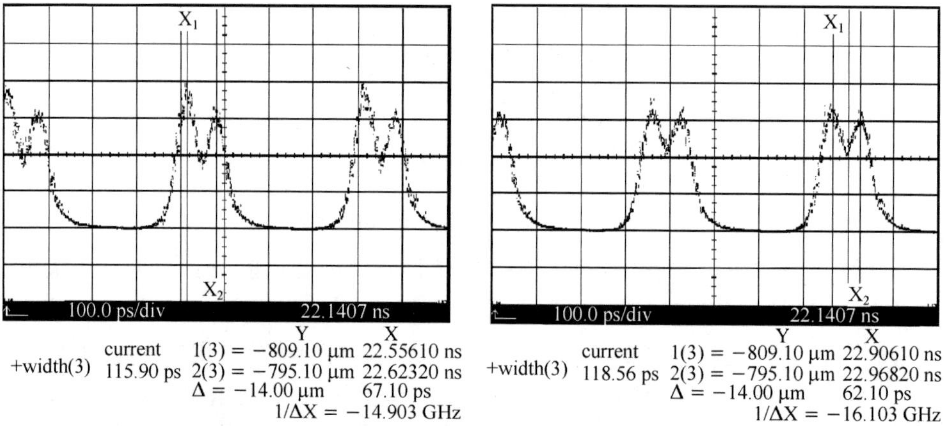

(a) 脉冲间隔最大时输出端的波形　　(b) 脉冲间隔最小时输出端的波形

图 4-1-5　总长 28.9 km 的三段 DSF 光纤 PMD 测量结果

我们将实验室的三段色散位移光纤(Dispersion Shift Fiber,DSF)连接起来测量其偏振模色散,测量结果如图 4-1-5 所示。调整偏振控制器使示波器脉冲间隔最大,图 2-4-5(a)中示波器显示此时的脉冲间隔 $T_{max}=67.1$ ps;调整偏振控制器使示波器脉冲间隔最小,图 4-1-5(b)中示波器显示脉冲间隔 $T_{min}=62.1$ ps。则测量结果为 $\Delta\tau=2.5$ ps。

4.1.3 干涉仪测量法[7-10]

干涉仪测量法(Interferometry Method,INTY)是利用 Michaelson 干涉仪、Mach-Zehnder 干涉仪等进行的 PMD 测量,图 4-1-6(a)是一个典型的利用 Michaelson 干涉仪的干涉法测量 PMD 的实验装置。低相干性的宽带脉冲光源经过待测光纤(FUT—fiber under test)后进入干涉仪,利用马达移动干涉仪一个臂进行扫描,从而得到时域干涉谱,也叫自相关谱,从而得到 PMD 测量值。

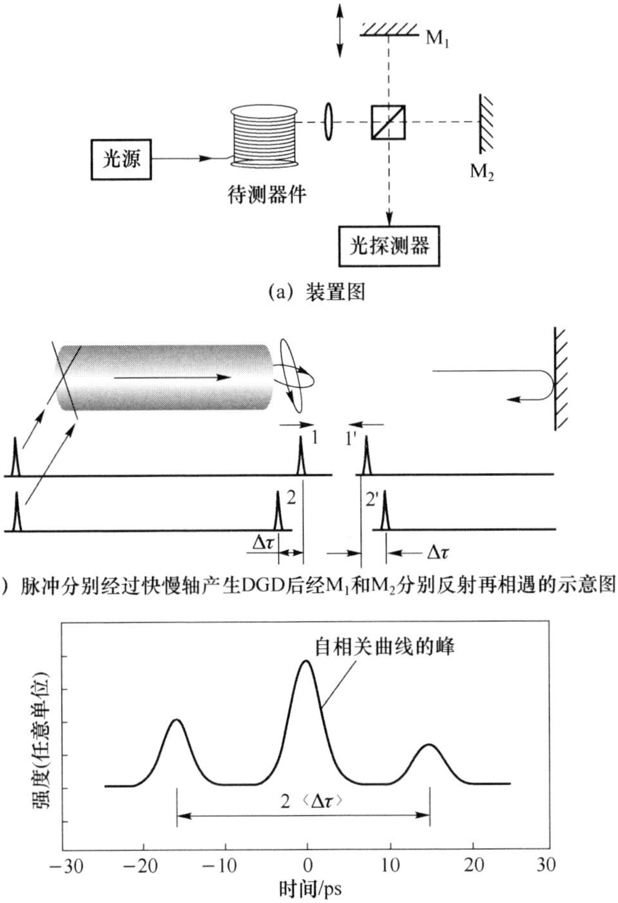

(a) 装置图

(b) 脉冲分别经过快慢轴产生DGD后经M_1和M_2分别反射再相遇的示意图

(c) 经探测器接收后的光电流(相当于脉冲的自相关谱)变化规律

图 4-1-6 干涉仪法测量非模式耦合下偏振模色散的原理

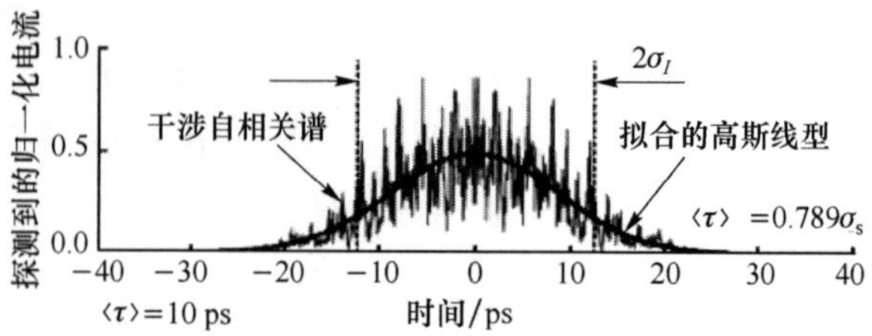

图 4-1-7 用干涉仪法测量模式耦合下偏振模色散的自相关谱

对于非模式耦合(non-mode-coupled)情景，检测到光强的自相关谱(实际测量的是探测器光电流的自相关谱)如图 4-1-6(c)所示。其原理可以用图 4-1-6(b)加以解释：当脉冲 1 与返回的脉冲 1′相遇时产生图 4-1-6(c)左边的峰；当 1 与 2′，同时也是 1′与 2 相遇时，产生图中中间的峰；当 2 与 2′相遇时产生图中右边的峰。可见左右两个峰之间的距离等于两倍的 DGD。

对于模式耦合(mode-coupled)的情景，其自相关谱如图 4-1-7 所示，可以由测量到的自相关谱计算标准差

$$\sigma_I = \left[\left(\frac{\int t^2 I(t)\,\mathrm{d}t}{\int I(t)\,\mathrm{d}t}\right) - \left(\frac{\int tI(t)\,\mathrm{d}t}{\int I(t)\,\mathrm{d}t}\right)^2\right]^{1/2} \tag{4-1-4}$$

得到

$$\langle \Delta\tau \rangle = \sqrt{\frac{2}{\pi}}\sigma_I \approx 0.789\sigma_I \tag{4-1-5}$$

4.2 偏振模色散的频域测量方法

4.2.1 固定分析仪法和 Sagnac 干涉仪法[8-15]

固定分析仪法(Fixed Analyser，FA)测量 PMD 最早是由 C. D. Poole 于 1994 年提出来的[12]，其装置如图 4-2-1(a)所示，其本质上就是普通物理学中的偏振光干涉，与干涉法的时域干涉不同，固定分析仪法是频域干涉。选用 EDFA 等宽带光源，经过偏振片起偏形成线偏振光入射待测光纤，再经过检偏器后由光谱分析仪显示其干涉谱，待测光纤前放置一个偏振控制器，调整它可以使干涉条纹更加清晰。待测的具有 PMD 的光纤可以看成是一个波片，具有快慢轴。对于宽带光源中的某一波长，如果在波片快慢轴之间形成 2π 整数倍的相位差，则在光谱仪上形成干涉极大峰，如果形成 π 奇数倍的相位差，在光谱仪上形成干涉极小谷。如果在光谱仪上看到 N 个极大值，第一个极大值对应波长 λ_1，由于形成相长干涉，有

$$\frac{2\pi}{\lambda_1}(n_{\text{slow}}-n_{\text{fast}})l=\frac{2\pi}{\lambda_1}\Delta nl=2m\pi \tag{4-2-1}$$

其中，m 为整数。第 N 个极大值对应波长 λ_N，同样有

$$\frac{2\pi}{\lambda_N}\Delta nl=2(m+N)\pi \tag{4-2-2}$$

两式相减，整理得

$$\Delta nl=\frac{N\lambda_1\lambda_N}{\lambda_N-\lambda_1} \tag{4-2-3}$$

待测光纤的 DGD 为

$$\Delta\tau=\frac{\Delta nl}{c}=\frac{N\lambda_1\lambda_N}{c(\lambda_N-\lambda_1)} \tag{4-2-4}$$

实际上式(4-2-4)只适用于非模式耦合情景(即均匀双折射情形，见 3.3.5 小节)。对于模式耦合情景，还要在上式中乘以一个 $k=0.805$ 因子作纠正，这个纠正来自大量系统的仿真。可以将两种情景用统一的公式表示成

$$\langle\Delta\tau\rangle=\frac{kN\lambda_1\lambda_N}{c(\lambda_N-\lambda_1)}\begin{cases}k=1, & \text{非模式耦合}\\ k=0.805. & \text{模式耦合}\end{cases} \tag{4-2-5}$$

C. D. Poole 于 1994 年给出的模式耦合纠正因子为 $k=0.824$，P. A. Williams 于 1998 年经过更严密的计算，确定的纠正因子为 $k=0.805$。

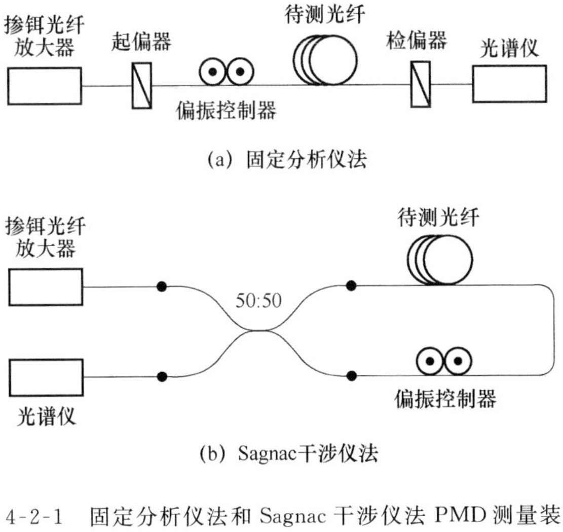

图 4-2-1 固定分析仪法和 Sagnac 干涉仪法 PMD 测量装置

Sagnac 干涉仪法如图 4-2-1(b)所示[14,15]，其原理与固定分析仪法极为相似，由两个相反方向传播的、沿两个快慢偏振主态偏振的光波经耦合器进行干涉，在光谱仪上形成干涉谱，计算 DGD 公式也是式(4-2-5)。

利用固定分析仪法和 Sagnac 干涉仪法分别对实验室的一段 14.2 m 保偏光纤(Polarization Maintaining Fiber，PMF)(保偏光纤属于非模式耦合 $k=1$)和一段

7.9 km色散位移光纤 DSF 进行 PMD 测量(模式耦合 $k=0.805$)。

对于 14.2 m PMF 光纤,用两种测量方法得到的光谱图如图 4-2-2 所示,选择波长区间 $\lambda_1=1\ 542$ nm,$\lambda_N=1\ 560$ nm,无论用固定分析仪法还是 Sagnac 干涉仪法,都有 $N=42$,代入式(4-2-5)得 $\Delta\tau=18.7$ ps。两种测量方法没有差别。

对于 7.9 km DSF 光纤,用两种测量方法得到的光谱图如图 4-2-3 所示,当用固定分析仪法进行测量时,两个波长($\lambda_1=1\ 542.6$ nm,$\lambda_N=1\ 560.2$ nm)主峰之间只有 2 个干涉周期,$N=2$,(注:左侧第一个峰是 EDFA 的特征峰,不能用),代入式(4-2-5)计算,$\langle\Delta\tau\rangle=0.73$ ps。当用 Sagnac 干涉仪法进行测量时,两个波长($\lambda_1=1\ 543.6$ nm,$\lambda_N=1\ 570.1$ nm)主峰之间有 3 个干涉周期($N=3$),代入式(4-2-5)计算,$\langle\Delta\tau\rangle=0.74$ ps。两种方法结果几乎一致,但是用 Sagnac 干涉仪法测得的光谱显示的干涉峰更多,因此其测量可信度更高。

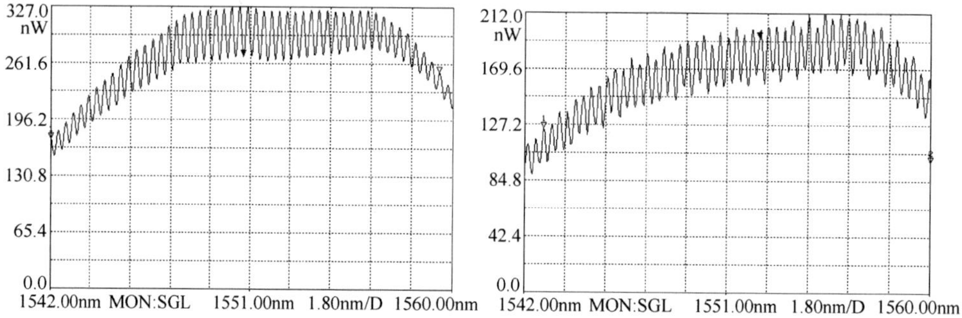

(a) 固定分析仪法 (b) Sagnac干涉仪法

图 4-2-2 用固定分析仪法和 Sagnac 干涉仪法对 14.2 m PMF 光纤进行测量时的光谱图

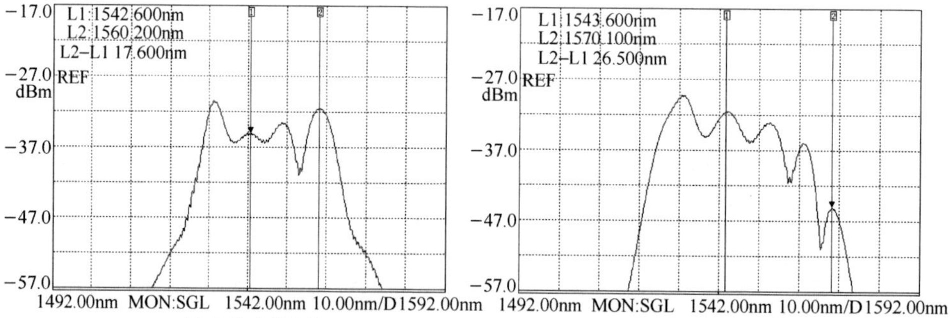

(a) 固定分析仪法 (b) Sagnac干涉仪法

图 4-2-3 用固定分析仪法和 Sagnac 干涉仪法对 7.9 km DSF 光纤进行测量时的光谱图

总结一下固定分析仪法的优缺点。

主要优点:

(1) 简单易行,所需设备一般实验室都具备。比如白光光源可用 EDFA 的自发光谱，LED 光源(需考虑放大)等；起偏器与检偏器可以用普通的光纤型偏振分束器；光谱仪或者功率计很常见。

(2) 很大的动态范围(>55 dB，决定于发射端光源的功率与接收端光谱仪或者功率计的灵敏度)。

(3) 待测光纤链路可以含有 EDFA。

(4) 测量速度快。

主要限制与不足：

(1) 二阶偏振模色散不能直接获得。

(2) 对于入射偏振态敏感。

(3) 对于宽带光源与光谱仪的限制，即对宽带光源总谱宽的要求以及对光谱仪分辨率(或者可调谐激光器调谐步长)的要求：

以式(4-2-5)作为估算依据，将它写成

$$\Delta\lambda \approx \frac{0.8N\lambda^2}{c\langle\tau\rangle} \tag{4-2-6}$$

如果测量很小的 DGD，在一定谱宽内能形成极大与极小的数量有限。比如要测量 0.1 ps 的 DGD，考虑至少识别 2 个峰值，则谱宽大约需要 130 nm。而 C 波段波长范围是 35 nm，S、C、L 波段合在一起宽 165 nm 才够用。另外测量很大的 DGD，相邻的极大或者极小非常密集，对于光谱仪的分辨率有要求。比如测量要求一组相邻的极大与极小之间至少取 3 个点，则测量 50 ps 的 DGD 需要光谱仪分辨率(可调谐激光器调谐步长)为 0.02 nm。

4.2.2 琼斯矩阵特征值分析法[8,16-18]

琼斯矩阵特征值分析法(Jones Matrix Eigenanalysis，JME)测量 PMD 是 B. L. Heffner 于 1992 年提出的[16]，该方法基于 DGD 是传输矩阵 $2j\boldsymbol{U}_\omega\boldsymbol{U}^\dagger$ 本征值的事实(参见 3.3.3 小节)，图 4-2-4 是其实验装置图。利用可调谐激光器作为光源，将 0°角、45°角、90°角放置的偏振片依次放入透镜之间，从输出端的偏振测量仪依次得到三种情况下输出场的斯托克斯分量。

从 2.3.3 小节可知，通过设定三个输入偏振态 0°角、45°角、90°角线偏振，分别测出相应的输出偏振态，可以由 2.3.3 小节的式(2-3-34)～(2-3-36)得到待测光纤的琼斯传输矩阵。

对于每个频率ω，测得一个 $\boldsymbol{U}(\omega)$，再由输出主态的本征方程式(3-3-16)，得到向前差分的等价式

$$j\frac{\boldsymbol{U}(\omega+\Delta\omega)-\boldsymbol{U}(\omega)}{\Delta\omega}\boldsymbol{U}^\dagger(\omega)\hat{\varepsilon}_{b\pm} = \pm\frac{\Delta\tau(\omega)}{2}\hat{\varepsilon}_{b\pm} \tag{4-2-7}$$

利用关系 $\boldsymbol{U}\boldsymbol{U}^\dagger=\boldsymbol{I}$，整理式(4-2-7)，得到

$$\boldsymbol{U}(\omega+\Delta\omega)\boldsymbol{U}^{\dagger}(\omega)\hat{\varepsilon}_{b\pm}=\left[1\mp \mathrm{j}\frac{\Delta\tau(\omega)}{2}\Delta\omega\right]\hat{\varepsilon}_{b\pm}=\rho_{\pm}\hat{\varepsilon}_{b\pm} \tag{4-2-8}$$

方程的本征值为 $\rho_{\pm}=1\mp \mathrm{j}\Delta\tau(\omega)\Delta\omega/2$，则在频率 ω 下的 DGD 为

$$\Delta\tau(\omega)=\mathrm{j}\frac{\rho_{+}(\omega)-\rho_{-}(\omega)}{\Delta\omega} \tag{4-2-9}$$

实验中假定矩阵 $\boldsymbol{U}(\omega+\Delta\omega)\boldsymbol{U}^{\dagger}(\omega)$ 已经测得

$$\boldsymbol{U}(\omega+\Delta\omega)\boldsymbol{U}^{\dagger}(\omega)=\begin{pmatrix}\mu_{11} & \mu_{12}\\ \mu_{21} & \mu_{22}\end{pmatrix} \tag{4-2-10}$$

则由特征方程式(4-2-8)有非零解，得到

$$\begin{vmatrix}\mu_{11}-\rho & \mu_{12}\\ \mu_{21} & \mu_{22}-\rho\end{vmatrix}=0 \tag{4-2-11}$$

可得两个特征值的解

$$\rho_{\pm}=\frac{(\mu_{11}+\mu_{22})\pm\sqrt{(\mu_{11}+\mu_{22})^{2}+4(\mu_{12}\mu_{21}-\mu_{11}\mu_{22})}}{2} \tag{4-2-12}$$

实际运算中，可以寻求更简单的表达式。

假定所取的频率间隔足够小，以致 $\Delta\tau\Delta\omega\ll 1$，则近似有

$$\begin{aligned}\rho_{+}&=\exp(-\mathrm{j}\Delta\tau(\omega)\Delta\omega/2)\\ \rho_{-}&=\exp(+\mathrm{j}\Delta\tau(\omega)\Delta\omega/2)\end{aligned} \tag{4-2-13}$$

则

$$\rho_{+}/\rho_{-}=\exp[-\mathrm{j}\Delta\tau(\omega)\Delta\omega] \tag{4-2-14}$$

得到常见的琼斯矩阵特征值法计算式为

$$\Delta\tau(\omega)=\left|\frac{\mathrm{Angle}(\rho_{+}/\rho_{-})}{\Delta\omega}\right| \tag{4-2-15}$$

其中，Angle(•)代表求复数的复角。

利用琼斯矩阵法还可以测量 DGD 的平均值、统计分布、二阶 PMD 等。许多商用 PMD 测量仪都是按照琼斯矩阵特征值分析法设计的。

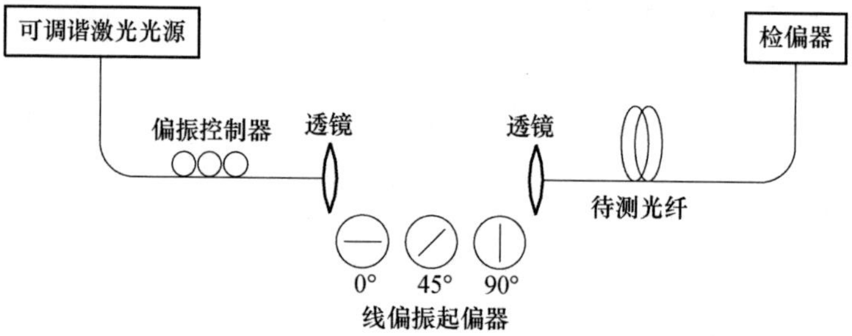

图 4-2-4　琼斯矩阵特征值分析法测量 PMD 装置图

4.2.3 米勒矩阵法[8,18,19]

米勒矩阵法(Mueller Matrix Method,MMM)测量装置与 JME 法非常相似,但是处理方法不同。JME 法处理的是琼斯矩阵,MMM 法直接处理斯托克斯空间的米勒矩阵。

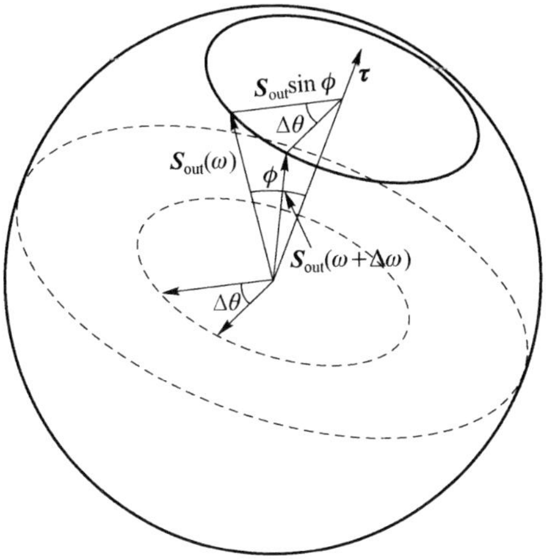

图 4-2-5 输出偏振态随频率变化的情况

回顾 3.2.2 小节的式(3-2-20),当入射光频率变化时,输出偏振态将在庞加莱球上绕偏振模色散矢量 $\boldsymbol{\tau}$ 旋转,满足

$$\frac{\mathrm{d}\boldsymbol{S}_{out}}{\mathrm{d}\omega}=\boldsymbol{\tau}\times\boldsymbol{S}_{out} \tag{4-2-16}$$

从图 4-2-5 可以看出,矢量 $\boldsymbol{S}_{out}(\omega)$绕 $\boldsymbol{\tau}$ 旋转,经一个极小的频率差 $\Delta\omega$ 绕 $\boldsymbol{\tau}$ 旋转 $\Delta\theta$ 角,变成矢量 $\boldsymbol{S}_{out}(\omega+\Delta\omega)$。矢量 $\Delta\boldsymbol{S}_{out}$ 由 $\boldsymbol{S}_{out}(\omega)$端点指向 $\boldsymbol{S}_{out}(\omega+\Delta\omega)$,且 $|\Delta\boldsymbol{S}_{out}|=\boldsymbol{S}_{out}\sin\phi\cdot\Delta\theta$。又 $|\boldsymbol{\tau}\times\boldsymbol{S}_{out}|=\Delta\tau\cdot\boldsymbol{S}_{out}\sin\phi$,因此取极限得到

$$\left|\frac{\mathrm{d}\theta}{\mathrm{d}\omega}\right|=\Delta\tau \tag{4-2-17}$$

一个输入偏振态 $\boldsymbol{S}_{in}$经过待测光纤后得到输出偏振态 $\boldsymbol{S}_{out}$,考察两个频率相差很近 $\Delta\omega$ 的输出偏振态

$$\boldsymbol{S}_{out}(\omega)=R(\omega)\boldsymbol{S}_{in} \quad 和 \quad \boldsymbol{S}_{out}(\omega+\Delta\omega)=R(\omega+\Delta\omega)\boldsymbol{S}_{in} \tag{4-2-18}$$

由于输入偏振态 $\boldsymbol{S}_{in}$与频率 ω 无关,则由式(4-2-18)可得 $\boldsymbol{S}_{in}=\boldsymbol{R}^{\dagger}(\omega)\boldsymbol{S}_{out}(\omega)$,以及

$$\boldsymbol{S}_{out}(\omega+\Delta\omega)=\boldsymbol{R}(\omega+\Delta\omega)\boldsymbol{R}^{\dagger}(\omega)\boldsymbol{S}_{out}(\omega)=\boldsymbol{R}_{\Delta}\boldsymbol{S}_{out}(\omega) \tag{4-2-19}$$

这恰好描述了图 4-2-5 中输出偏振态在庞加莱球上的旋转过程,当频率由 ω 增加到 $\omega+\Delta\omega$ 时,输出偏振态旋转了 $\Delta\theta=\Delta\omega\Delta\tau$ 角,旋转矩阵是 $\boldsymbol{R}_{\Delta}=\boldsymbol{R}(\omega+\Delta\omega)\boldsymbol{R}^{\dagger}(\omega)$。则由 2.3.3 小节可知,它满足式(2-3-23),即

$$\boldsymbol{R}_{\Delta}=\boldsymbol{R}(\omega+\Delta\omega)\boldsymbol{R}^{\dagger}(\omega)=(\cos\Delta\theta)\boldsymbol{I}+(1-\cos\Delta\theta)(\hat{\boldsymbol{p}}\hat{\boldsymbol{p}}\cdot)+\sin\Delta\theta(\hat{\boldsymbol{p}}\times) \tag{4-2-20}$$

其中，$\hat{\boldsymbol{p}}$ 为偏振模色散矢量 $\boldsymbol{\tau}$ 方向的单位矢量，而 $\boldsymbol{\tau}=\Delta\tau\hat{\boldsymbol{p}}$。

下面我们将测量归结为两个问题，问题一是如何求出相对于任意一个输入偏振态，对应于两个相邻频率 ω 和 $\omega+\Delta\omega$ 的输出偏振态 $\boldsymbol{S}_{\text{out}}(\omega)$ 和 $\boldsymbol{S}_{\text{out}}(\omega+\Delta\omega)$ 之间的旋转矩阵 $\boldsymbol{R}_{\Delta}=\boldsymbol{R}(\omega+\Delta\omega)\boldsymbol{R}^{\dagger}(\omega)$，也归结为在不同的频率 ω 下求得输入偏振态 $\boldsymbol{S}_{\text{in}}$ 经过待测光纤后转变为输出偏振态 $\boldsymbol{S}_{\text{out}}(\omega)$ 的米勒变换矩阵 $\boldsymbol{R}(\omega)$。问题二是如何由 $\boldsymbol{R}_{\Delta}=\boldsymbol{R}(\omega+\Delta\omega)\boldsymbol{R}^{\dagger}(\omega)$ 求出旋转角 $\Delta\theta$ 和单位矢量 $\hat{\boldsymbol{p}}$，从而得到偏振模色散矢量

$$\boldsymbol{\tau}=\Delta\tau\hat{\boldsymbol{p}}=\left|\frac{\Delta\theta}{\Delta\omega}\right|\begin{pmatrix}p_1\\p_2\\p_3\end{pmatrix} \tag{4-2-21}$$

先说说问题二。假定待测光纤的 $\boldsymbol{R}_{\Delta}$ 已经获得，如何通过它求得 $\boldsymbol{\tau}$（包括 $\boldsymbol{\tau}$ 的大小 $\Delta\boldsymbol{\tau}=|\Delta\theta/\Delta\omega|$ 和方向 $\hat{\boldsymbol{p}}$）。可以证明 $\Delta\theta$ 由下式求出

$$\cos\Delta\theta=\frac{1}{2}[\mathrm{Tr}(\boldsymbol{R}_{\Delta})-1] \tag{4-2-22}$$

Tr(•)表示求矩阵的迹。则 $\boldsymbol{\tau}$ 的大小为

$$\Delta\boldsymbol{\tau}(\omega)=\frac{\arccos\left\{\frac{1}{2}[\mathrm{Tr}(\boldsymbol{R}_{\Delta})-1]\right\}}{\Delta\omega} \tag{4-2-23}$$

而 $\boldsymbol{\tau}$ 方向的单位矢量 $\hat{\boldsymbol{p}}$ 也可以由 $\boldsymbol{R}_{\Delta}$ 的矩阵元 $R_{\Delta ij}$ 求得

$$\begin{cases}p_1=\dfrac{R_{\Delta23}-R_{\Delta32}}{2\sin\Delta\theta}\\[2mm] p_2=\dfrac{R_{\Delta31}-R_{\Delta13}}{2\sin\Delta\theta}\\[2mm] p_3=\dfrac{R_{\Delta12}-R_{\Delta21}}{2\sin\Delta\theta}\end{cases} \tag{4-2-24}$$

再说问题一。得到变换矩阵 $\boldsymbol{R}(\omega)$，就可以得到 $\boldsymbol{R}_{\Delta}=\boldsymbol{R}(\omega+\Delta\omega)\boldsymbol{R}^{\dagger}(\omega)$。

测量待测光纤变换矩阵 $\boldsymbol{R}(\omega)$，可利用与 JME 相类似的装置，激光器调到某个频率 ω，设置三个垂直的输入偏振态 $\boldsymbol{S}_{\text{in}}^{\text{a}}=(1,0,0)^{\text{T}}$、$\boldsymbol{S}_{\text{in}}^{\text{b}}=(0,1,0)^{\text{T}}$ 和 $\boldsymbol{S}_{\text{in}}^{\text{c}}=(0,0,1)^{\text{T}}$，分别测得输出的偏振态 $\boldsymbol{S}_{\text{out}}^{\text{a}}(\omega)=\boldsymbol{R}(\omega)\boldsymbol{S}_{\text{in}}^{\text{a}}$、$\boldsymbol{S}_{\text{out}}^{\text{b}}(\omega)=\boldsymbol{R}(\omega)\boldsymbol{S}_{\text{in}}^{\text{b}}$ 和 $\boldsymbol{S}_{\text{out}}^{\text{c}}(\omega)=\boldsymbol{R}(\omega)\boldsymbol{S}_{\text{in}}^{\text{c}}$。将其写成矩阵形式

$$\begin{pmatrix}\boldsymbol{S}_{\text{out1}}^{\text{a}}\\\boldsymbol{S}_{\text{out2}}^{\text{a}}\\\boldsymbol{S}_{\text{out3}}^{\text{a}}\end{pmatrix}=\begin{pmatrix}R_{11}&R_{12}&R_{13}\\R_{21}&R_{22}&R_{23}\\R_{31}&R_{32}&R_{33}\end{pmatrix}\begin{pmatrix}\boldsymbol{S}_{\text{in1}}^{\text{a}}\\\boldsymbol{S}_{\text{in2}}^{\text{a}}\\\boldsymbol{S}_{\text{in3}}^{\text{a}}\end{pmatrix} \tag{4-2-25a}$$

$$\begin{pmatrix}\boldsymbol{S}_{\text{out1}}^{\text{b}}\\\boldsymbol{S}_{\text{out2}}^{\text{b}}\\\boldsymbol{S}_{\text{out3}}^{\text{b}}\end{pmatrix}=\begin{pmatrix}R_{11}&R_{12}&R_{13}\\R_{21}&R_{22}&R_{23}\\R_{31}&R_{32}&R_{33}\end{pmatrix}\begin{pmatrix}\boldsymbol{S}_{\text{in1}}^{\text{b}}\\\boldsymbol{S}_{\text{in2}}^{\text{b}}\\\boldsymbol{S}_{\text{in3}}^{\text{b}}\end{pmatrix} \tag{4-2-25b}$$

$$\begin{pmatrix} \boldsymbol{S}_{\text{out1}}^{\text{c}} \\ \boldsymbol{S}_{\text{out2}}^{\text{c}} \\ \boldsymbol{S}_{\text{out3}}^{\text{c}} \end{pmatrix} = \begin{pmatrix} R_{11} & R_{12} & R_{13} \\ R_{21} & R_{22} & R_{23} \\ R_{31} & R_{32} & R_{33} \end{pmatrix} \begin{pmatrix} \boldsymbol{S}_{\text{in1}}^{\text{c}} \\ \boldsymbol{S}_{\text{in2}}^{\text{c}} \\ \boldsymbol{S}_{\text{in3}}^{\text{c}} \end{pmatrix} \tag{4-2-25c}$$

由上面输入偏振态 $\boldsymbol{S}_{\text{in}}^{\text{a}}$、$\boldsymbol{S}_{\text{in}}^{\text{b}}$ 和 $\boldsymbol{S}_{\text{in}}^{\text{c}}$ 的选择，可得

$$\begin{pmatrix} \boldsymbol{S}_{\text{out1}}^{\text{a}} & \boldsymbol{S}_{\text{out1}}^{\text{b}} & \boldsymbol{S}_{\text{out1}}^{\text{c}} \\ \boldsymbol{S}_{\text{out2}}^{\text{a}} & \boldsymbol{S}_{\text{out2}}^{\text{b}} & \boldsymbol{S}_{\text{out2}}^{\text{c}} \\ \boldsymbol{S}_{\text{out3}}^{\text{a}} & \boldsymbol{S}_{\text{out3}}^{\text{b}} & \boldsymbol{S}_{\text{out3}}^{\text{c}} \end{pmatrix} = \begin{pmatrix} R_{11} & R_{12} & R_{13} \\ R_{21} & R_{22} & R_{23} \\ R_{31} & R_{32} & R_{33} \end{pmatrix} \begin{pmatrix} 1 & 0 & 0 \\ 0 & 1 & 0 \\ 0 & 0 & 1 \end{pmatrix} \tag{4-2-26}$$

可见米勒变换矩阵 $\boldsymbol{R}(\omega)$ 的第一列元素与 $\boldsymbol{S}_{\text{out}}^{\text{a}}(\omega)$ 的三个分量相同，其第二列和第三列元素分别由测量的 $\boldsymbol{S}_{\text{out}}^{\text{b}}(\omega)$ 和 $\boldsymbol{S}_{\text{out}}^{\text{c}}(\omega)$ 获得。再依次调谐激光器到 ω_2、ω_3、…，重复上述过程，最后得到不同频率下的 $\boldsymbol{R}(\omega)$ 和 $\boldsymbol{R}_{\Delta}=\boldsymbol{R}(\omega+\Delta\omega)\boldsymbol{R}^{\dagger}(\omega)$。

实际上，可证用两个独立的输入偏振态 $\boldsymbol{S}_{\text{in}}^{\text{a}}$ 和 $\boldsymbol{S}_{\text{in}}^{\text{r}}$，就可以构造三个（在庞加莱球上）垂直的输出偏振态 $\boldsymbol{S}_{\text{out}}^{\text{a}}$、$\boldsymbol{S}_{\text{out}}^{\text{b}}$ 和 $\boldsymbol{S}_{\text{out}}^{\text{c}}$。其方法是测出 $\boldsymbol{S}_{\text{in}}^{\text{a}}$ 和 $\boldsymbol{S}_{\text{in}}^{\text{r}}$ 的输出偏振态 $\boldsymbol{S}_{\text{out}}^{\text{a}}$ 和 $\boldsymbol{S}_{\text{out}}^{\text{r}}$，构造出垂直于 $\boldsymbol{S}_{\text{out}}^{\text{a}}$ 的归一化输出态

$$\boldsymbol{S}_{\text{out}}^{\text{c}} = \frac{\boldsymbol{S}_{\text{out}}^{\text{a}} \times \boldsymbol{S}_{\text{out}}^{\text{r}}}{|\boldsymbol{S}_{\text{out}}^{\text{a}} \times \boldsymbol{S}_{\text{out}}^{\text{r}}|} \perp \boldsymbol{S}_{\text{out}}^{\text{a}} \tag{4-2-27}$$

再构造同时垂直于 $\boldsymbol{S}_{\text{out}}^{\text{a}}$ 和 $\boldsymbol{S}_{\text{out}}^{\text{b}}$ 的归一化输出态

$$\boldsymbol{S}_{\text{out}}^{\text{b}} = \frac{\boldsymbol{S}_{\text{out}}^{\text{c}} \times \boldsymbol{S}_{\text{out}}^{\text{a}}}{|\boldsymbol{S}_{\text{out}}^{\text{c}} \times \boldsymbol{S}_{\text{out}}^{\text{a}}|} \perp \boldsymbol{S}_{\text{out}}^{\text{a}},\ \boldsymbol{S}_{\text{out}}^{\text{c}} \tag{4-2-28}$$

最后由式(4-2-26)得到待测光纤的米勒变换矩阵 $\boldsymbol{R}(\omega)$。

利用米勒矩阵法测量 PMD 的实验装置如图 4-2-6 所示。

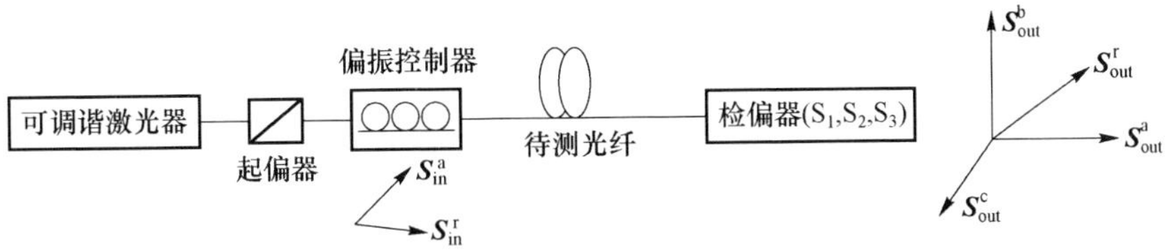

图 4-2-6 米勒矩阵法测量 PMD 的实验装置

下面总结一下米勒矩阵法的测量步骤：

(1) 将可调谐激光器调节到一个特定频率 ω_1，分别输入三个特定偏振态 $\boldsymbol{S}_{\text{in}}^{\text{a}}=(1,0,0)^{\text{T}}$、$\boldsymbol{S}_{\text{in}}^{\text{b}}=(0,1,0)^{\text{T}}$ 和 $\boldsymbol{S}_{\text{in}}^{\text{c}}=(0,0,1)^{\text{T}}$，测得输出的偏振态 $\boldsymbol{S}_{\text{out}}^{\text{a}}(\omega_1)$、$\boldsymbol{S}_{\text{out}}^{\text{b}}(\omega_1)$ 和 $\boldsymbol{S}_{\text{out}}^{\text{c}}(\omega_1)$。由式(4-2-26)计算变换米勒矩阵 $\boldsymbol{R}(\omega_1)$。实际处理上，用两个独立的输入偏振态 $\boldsymbol{S}_{\text{in}}^{\text{a}}$ 和 $\boldsymbol{S}_{\text{in}}^{\text{r}}$ 就可以得到米勒变换矩阵 $\boldsymbol{R}(\omega_1)$，方法是由式(4-2-27)和式(4-2-28)构造三个归一化的、在庞加莱球上相互垂直的输出偏振态 $\boldsymbol{S}_{\text{out}}^{\text{a}}$、$\boldsymbol{S}_{\text{out}}^{\text{b}}$ 和 $\boldsymbol{S}_{\text{out}}^{\text{c}}$，从而得到 $\boldsymbol{R}(\omega_1)$。

(2) 间隔一个频率间隔输出 $\omega_2=\omega_1+\Delta\omega$ 的激光，重复步骤(1)，得到米勒矩阵 $\boldsymbol{R}(\omega_2)$。

(3) 计算得到旋转矩阵 $\boldsymbol{R}_{\Delta}=\boldsymbol{R}(\omega_2)\boldsymbol{R}^{\dagger}(\omega_1)$，利用式(4-2-23)和式(4-2-24)得到PMD矢量 $\boldsymbol{\tau}$ 的大小(DGD)和慢主态方向 $\hat{\boldsymbol{p}}=(p_1,p_2,p_3)^{\mathrm{T}}$。

(4) 间隔 $\Delta\omega$，依次求得 $\boldsymbol{\tau}(\omega_1)$、$\boldsymbol{\tau}(\omega_2)$、…以及 $\Delta\boldsymbol{\tau}(\omega_1)$、$\Delta\boldsymbol{\tau}(\omega_1)$、…，可以计算得到平均DGD以及二阶PMD。

4.2.4 庞加莱球法[8,19-21]

庞加莱球法(Poincaré Sphere Analysis，PSA)与JME和MMM法有所不同，不是利用旋转变换矩阵来计算，而是直接利用庞加莱球上PMD矢量来计算。其测量装置图与JME相同，仍然是图4-2-4。仍然是设置三个输入偏振态 $\boldsymbol{S}_{\mathrm{a}}=(1,0,0)^{\mathrm{T}}$、$\boldsymbol{S}_{\mathrm{b}}=(0,1,0)^{\mathrm{T}}$ 和 $\boldsymbol{S}_{\mathrm{c}}=(0,0,1)^{\mathrm{T}}$，分别测量出它们的输出偏振态 $\boldsymbol{H}$、$\boldsymbol{V}$、$\boldsymbol{Q}$。为了使测量与输入偏振态无关，构造一组新的正交偏振态

$$\boldsymbol{h}=\boldsymbol{H},\quad \boldsymbol{q}=\frac{(\boldsymbol{H}\times\boldsymbol{Q})\times\boldsymbol{H}}{|\boldsymbol{H}\times\boldsymbol{Q}|},\quad \boldsymbol{c}=\boldsymbol{h}\times\frac{\boldsymbol{q}}{|\boldsymbol{q}|} \tag{4-2-29}$$

当频率经历一个小变化 $\Delta\omega$，计算

$$\begin{cases}\Delta\boldsymbol{h}=\boldsymbol{h}(\omega+\Delta\omega)-\boldsymbol{h}(\omega)\\ \Delta\boldsymbol{q}=\boldsymbol{q}(\omega+\Delta\omega)-\boldsymbol{q}(\omega)\\ \Delta\boldsymbol{c}=\boldsymbol{c}(\omega+\Delta\omega)-\boldsymbol{c}(\omega)\end{cases} \tag{4-2-30}$$

则DGD由式(4-2-31)得

$$\Delta\tau=\frac{2}{\Delta\omega}\arcsin\left[\frac{1}{2}\sqrt{\frac{1}{2}(|\Delta\boldsymbol{h}|^2+|\Delta\boldsymbol{q}|^2+|\Delta\boldsymbol{c}|^2)}\right] \tag{4-2-31}$$

慢主态方向

$$\hat{\boldsymbol{p}}\equiv\frac{\boldsymbol{\tau}}{|\boldsymbol{\tau}|}=\frac{\boldsymbol{u}}{|\boldsymbol{u}|} \tag{4-2-32}$$

其中，

$$\boldsymbol{u}=(\boldsymbol{c}\cdot\Delta\boldsymbol{q})\boldsymbol{h}+(\boldsymbol{h}\cdot\Delta\boldsymbol{c})\boldsymbol{q}+(\boldsymbol{q}\cdot\Delta\boldsymbol{h})\boldsymbol{c} \tag{4-2-33}$$

4.3 偏振相关损耗的测量方法

传输光纤或者传输器件还可能存在另一种偏振效应——偏振相关损耗(Polarization Dependent Loss，PDL)，它定义成：在各种可能的输入偏振态下，传输光器件的最大和最小传输损耗之间的绝对值比值或者相对差值的比值

$$\Gamma=\frac{T_{\max}}{T_{\min}}=\frac{P_{\max}}{P_{\min}} \tag{4-3-1}$$

或者

$$\Gamma=\frac{T_{\max}-T_{\min}}{T_{\max}+T_{\min}}=\frac{P_{\max}-P_{\min}}{P_{\max}+P_{\min}} \tag{4-3-2}$$

其中，T_{max}和T_{min}是传输光器件最大和最小透射率，P_{max}和P_{min}是保证输入光强不变的条件下经过传输光器件后测得的最大和最小透射光强。本书用式(4-3-1)的定义。

使用中通常会使用偏振相关损耗的对数定义

$$\Gamma_{dB}=10\ \lg\frac{T_{max}}{T_{min}}=10\ \lg\frac{P_{max}}{P_{min}} \tag{4-3-3}$$

最典型的能够产生偏振相关损耗的光器件是偏振片。根据第2章式(2-2-8)和式(2-2-9)，部分偏振片的偏振相关损耗是$\Gamma_{dB}=10\ \lg(p_x^2/p_y^2)$，完全偏振片的偏振相关损耗是$\Gamma_{dB}=10\ \lg(1/0)=\infty$。表4-3-1给出了一些典型器件的偏振相关损耗值。

表 4-3-1 一些典型器件的偏振相关损耗值

光器件	典型 PDL 值
1 m 单模光纤	<0.02 dB
10 km 单模光纤	<0.05 dB
PC 型光纤连接头	0.005～0.02 dB
APC 型光纤连接头	0.02～0.06 dB
起偏器	30～50 dB
50%耦合器	0.15～0.3 dB
90/10 耦合器(直通)	0.02 dB
隔离器	0.05～0.3 dB
3 端环形器	0.1～0.2 dB
DWDM 波分复用器	0.05～0.15 dB

下面介绍两种典型的偏振相关损耗的测量方法，偏振态扫描法和米勒矩阵法。

4.3.1 偏振态扫描法[22]

偏振态扫描法的装置如图4-3-1所示。激光器产生线偏振光，经过偏振控制器，将线偏振光转换成各种可能的偏振态，即通过偏振控制器产生的偏振态可以均匀分布在庞加莱球上，然后利用功率计测量光输出功率，选出最大和最小的输出光功率，利用式(4-3-3)计算偏振相关损耗。

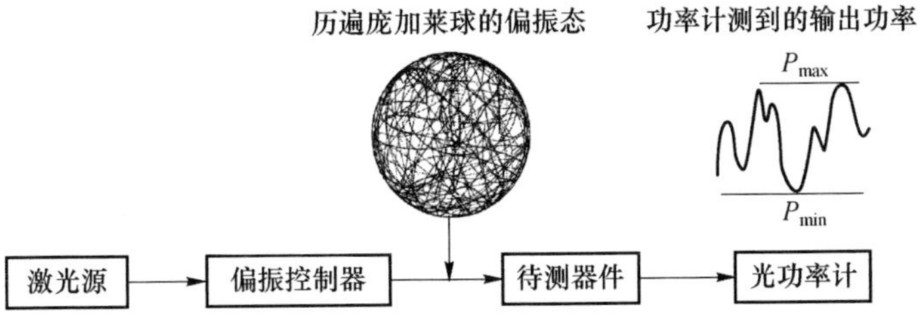

图 4-3-1 偏振态扫描法测 PDL

有些看法认为：由于随机模式耦合和光纤的双折射特性，在测量 PDL 时，光纤通信系统比一个简单光器件更复杂；而且认为将随机偏振态均匀地分布在庞加莱球上也相对麻烦。对于较复杂的光纤通信系统，常用的方法是最早由 Nyman 提出来的米勒矩阵法[23]。

4.3.2 米勒矩阵法[18,22-24]

在本书的第 2 章介绍过斯托克斯空间的米勒矩阵变换。当偏振变换器件没有损耗时，可以用 3×3 米勒矩阵 $\boldsymbol{R}$ 表示这个偏振器件的作用，其变换等价于一个斯托克斯空间的旋转 $\boldsymbol{S}_{\text{out}}=\boldsymbol{R}\boldsymbol{S}_{\text{in}}$。但是当考虑偏振相关损耗时，要用 4 矢量表示斯托克斯空间的偏振态，用 4×4 米勒矩阵 $\boldsymbol{M}$ 表示偏振器件的旋转

$$\boldsymbol{S}_{\text{out}}=\boldsymbol{M}\boldsymbol{S}_{\text{in}} \tag{4-3-4}$$

用矩阵表示，有

$$\begin{pmatrix} \boldsymbol{S}_{\text{out0}} \\ \boldsymbol{S}_{\text{out1}} \\ \boldsymbol{S}_{\text{out2}} \\ \boldsymbol{S}_{\text{out3}} \end{pmatrix}=\begin{pmatrix} m_{11} & m_{12} & m_{13} & m_{14} \\ m_{21} & m_{22} & m_{23} & m_{24} \\ m_{31} & m_{32} & m_{33} & m_{34} \\ m_{41} & m_{42} & m_{43} & m_{44} \end{pmatrix}\begin{pmatrix} \boldsymbol{S}_{\text{in0}} \\ \boldsymbol{S}_{\text{in1}} \\ \boldsymbol{S}_{\text{in2}} \\ \boldsymbol{S}_{\text{in3}} \end{pmatrix} \tag{4-3-5}$$

其中，输入光功率可以用 $\boldsymbol{S}_{\text{in0}}$ 表示，输出光功率可以用 $\boldsymbol{S}_{\text{out0}}$ 表示，它们之间有如下关系

$$\boldsymbol{S}_{\text{out0}}=m_{11}\boldsymbol{S}_{\text{in0}}+m_{12}\boldsymbol{S}_{\text{in1}}+m_{13}\boldsymbol{S}_{\text{in2}}+m_{14}\boldsymbol{S}_{\text{in3}} \tag{4-3-6}$$

则光器件的透射率为

$$T=\frac{\boldsymbol{S}_{\text{out0}}}{\boldsymbol{S}_{\text{in0}}}=\frac{m_{11}\boldsymbol{S}_{\text{in0}}+m_{12}\boldsymbol{S}_{\text{in1}}+m_{13}\boldsymbol{S}_{\text{in2}}+m_{14}\boldsymbol{S}_{\text{in3}}}{\boldsymbol{S}_{\text{in0}}} \tag{4-3-7}$$

$\boldsymbol{S}_{\text{in0}}$ 代表输入光功率，它与偏振态无关。因此透射率是参数 $\boldsymbol{S}_{\text{in1}}$、$\boldsymbol{S}_{\text{in2}}$、$\boldsymbol{S}_{\text{in3}}$ 的函数，这些参数有一个约束方程

$$\boldsymbol{S}_{\text{in0}}^2=\boldsymbol{S}_{\text{in1}}^2+\boldsymbol{S}_{\text{in2}}^2+\boldsymbol{S}_{\text{in3}}^2 \tag{4-3-8}$$

下面的问题是求 $T(\boldsymbol{S}_{\text{in1}},\boldsymbol{S}_{\text{in2}},\boldsymbol{S}_{\text{in3}})$ 函数的最大和最小值。

我们利用拉格朗日乘数法（Lagrange Multiplier Method）[25]来求解。如果有一个函数 $f(x,y,z)$，并有约束条件 $g(x,y,z)=0$，引入函数

$$L=f(x,y,z)+\lambda g(x,y,z) \tag{4-3-9}$$

其中，λ 是待定常数，则函数 $f(x,y,z)$ 的极值由下列方程组解出

$$\begin{cases} \dfrac{\partial L}{\partial x}=\dfrac{\partial L}{\partial y}=\dfrac{\partial L}{\partial z}=0 \\ g(x,y,z)=0 \end{cases} \tag{4-3-10}$$

本问题中，令

$$\boldsymbol{L}=m_{11}\boldsymbol{S}_{\text{in0}}+m_{12}\boldsymbol{S}_{\text{in1}}+m_{13}\boldsymbol{S}_{\text{in2}}+m_{14}\boldsymbol{S}_{\text{in3}}+\lambda(\boldsymbol{S}_{\text{in0}}^2-\boldsymbol{S}_{\text{in1}}^2-\boldsymbol{S}_{\text{in2}}^2-\boldsymbol{S}_{\text{in}}^3) \tag{4-3-11}$$

则根据式(4-3-10)，有

$$\begin{cases}\dfrac{\partial \boldsymbol{L}}{\partial \boldsymbol{S}_{\text{in1}}}=m_{12}-2\lambda \boldsymbol{S}_{\text{in1}}=0\\ \dfrac{\partial \boldsymbol{L}}{\partial \boldsymbol{S}_{\text{in2}}}=m_{13}-2\lambda \boldsymbol{S}_{\text{in2}}=0\\ \dfrac{\partial \boldsymbol{L}}{\partial \boldsymbol{S}_{\text{in3}}}=m_{14}-2\lambda \boldsymbol{S}_{\text{in3}}=0\end{cases} \tag{4-3-12}$$

得

$$\begin{cases}m_{12}=2\lambda \boldsymbol{S}_{\text{in1}}\\ m_{13}=2\lambda \boldsymbol{S}_{\text{in2}}\\ m_{14}=2\lambda \boldsymbol{S}_{\text{in3}}\end{cases} \tag{4-3-13}$$

代入约束条件式(4-3-8),得

$$\lambda=\pm\frac{1}{2}\frac{\sqrt{m_{12}^2+m_{13}^2+m_{14}^2}}{\boldsymbol{S}_{\text{in0}}} \tag{4-3-14}$$

将式(4-3-13)和式(4-3-14)代入式(4-3-7),得到最大和最小透射率

$$\begin{cases}T_{\max}=m_{11}+\sqrt{m_{12}^2+m_{13}^2+m_{14}^2}\\ T_{\min}=m_{11}-\sqrt{m_{12}^2+m_{13}^2+m_{14}^2}\end{cases} \tag{4-3-15}$$

可见,如果可以测得 $\boldsymbol{M}$ 变换矩阵的第一行的矩阵元,就可以得到偏振相关损耗

$$\boldsymbol{\Gamma}_{\text{dB}}=10\lg\left(\frac{m_{11}+\sqrt{m_{12}^2+m_{13}^2+m_{14}^2}}{m_{11}-\sqrt{m_{12}^2+m_{13}^2+m_{14}^2}}\right) \tag{4-3-16}$$

米勒矩阵法的测量装置与偏振态扫描法类似,只是偏振控制器不再产生历遍庞加莱球的偏振态,而只需产生四个特定偏振态,分别为偏振态 a(水平线偏振光);偏振态 b(垂直线偏振光);偏振态 c(45°角线偏振光);偏振态 d(右旋圆偏振光)。它们的输入功率分别为 P_a,P_b,P_c 和 P_d。在输出端利用功率计分别测量在上述输入偏振态 a,b,c,d 下的输出功率 P_1,P_2,P_3 和 P_4。具体输入偏振态与输出功率的关系如表 4-3-2 所示。

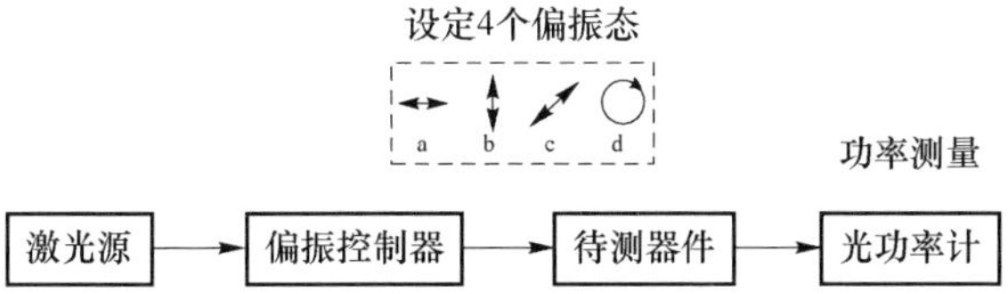

图 4-3-2 米勒矩阵法测 PDL

表 4-3-2 米勒矩阵法的输入偏振态与输出功率关系

输入偏振态	输入偏振态的斯托克斯参量	输出端测量的功率
水平线偏振光	$\boldsymbol{S}_{\text{in,a}}=(P_a,P_a,0,0)^T$	$P_1=m_{11}P_a+m_{12}P_a$
垂直线偏振光	$\boldsymbol{S}_{\text{in,b}}=(P_b,-P_b,0,0)^T$	$P_2=m_{11}P_b-m_{12}P_b$
45°角线偏振光	$\boldsymbol{S}_{\text{in,c}}=(P_c,0,P_c,0)^T$	$P_3=m_{11}P_c+m_{13}P_c$
右旋圆偏振光	$\boldsymbol{S}_{\text{in,d}}=(P_d,0,0,P_d)^T$	$P_4=m_{11}P_d+m_{14}P_d$

上述米勒矩阵的相应矩阵元可以由下列公式求出

$$\begin{cases} m_{11}=\dfrac{1}{2}\left(\dfrac{P_1}{P_a}+\dfrac{P_2}{P_b}\right) \\ m_{12}=\dfrac{1}{2}\left(\dfrac{P_1}{P_a}-\dfrac{P_2}{P_b}\right) \\ m_{13}=\dfrac{P_3}{P_c}-\dfrac{1}{2}\left(\dfrac{P_1}{P_a}+\dfrac{P_2}{P_b}\right) \\ m_{14}=\dfrac{P_4}{P_d}-\dfrac{1}{2}\left(\dfrac{P_1}{P_a}+\dfrac{P_2}{P_b}\right) \end{cases} \tag{4-3-17}$$

将求得的矩阵元代入式(4-3-16)，可以得到待测的偏振相关损耗。

本章参考文献

[1] WILLIAMS P A. PMD Measurement Techniques Avoiding Measurement Pitfalls. in Venice Summer School on Polarization Mode Dispersion, Venice Italy, 2002 (6):24-26.

[2] DAMASK J N. Polarization Optics in Telecommunications, New York: Springer, 2005.

[3] NAMIHIRA Y, MAEDA J. Polarization mode dispersion measurement in optical fibers [C]. The Seventh Symposium of Optical Fiber Measurement, Boulder, Colorado, NIST: 1992, 145-150.

[4] POOLE C D, GILES C R. Polarization-dependent pulse compression and broadening due to polarization dispersion in dispersion-shifted fiber [J]. Optics Letters, 1988, 13(2): 155-157.

[5] BAKHSHI B, HANSRYD J, ANDREKSON P A, etc. Measurement of the differential group delay in installed optical fibers using polarization multiplexed solitons [J]. IEEE Photonics Technology Letters, 11(5): 593-595.

[6] 刘秀敏，李朝阳，李荣华，等. 偏分复用孤子测量差分群时延[J]. 半导体光电，2001, 22(5): 331-334.

[7] Polarization-Mode Dispersion Measurement for Single-Mode Optical Fibers by Interferometry Method: Telecommunications Industry Association Std. TIA/EIA-455-124: 1999 [S/OL]. http://www.tiaonline.org/standards/

[8] Optical fibers—Part 1-48: Measurement methods and test procedures—Polarization mode dispersion: IEC 60793-1-48: 2007 [S/OL]. http://www.iec.ch/standardsdev/publications/is.htm

[9] VILLUENDAS F, PELAYO J, BLASCO P. Polarization-mode transfer func-

tion for the analysis of interferometric PMD measurements [J]. IEEE Photonics Technology Letters, 1995, 7(7): 807-809.

[10] OBERSON P, JULLIARD K, GISIN N, etc. Interferometric polarization mode dispersion measurements with femtosecond sensitivity [J]. Journal of Lightwave Technology, 1997, 15(10): 1852-1857.

[11] Polarization-Mode Dispersion Measurement for Single-Mode Optical Fibers by the Fixed Analyzer Method: Telecommunications Industry Association Std. TIA/EIA-455-113: 2001 [S/OL]. Available: http://www.tiaonline.org/standards/

[12] C. D. Poole and D. L. Favin, "Polarization-mode dispersion measurements based on transmission spectra through a polarizer," J. Lightwave Technol., Vol. 12, No. 6, pp. 917-929, 1994.

[13] Williams P A, Wang C M. Correction to fixed analyzer measurements of polarization mode dispersion [J]. J. Lightwave Technol., 1998,16(4):534-554, 1998.

[14] Olsson B-E, Karlsson M, Andrekson P A. Polarization mode dispersion measurement using a Sagnac interferometer and a comparison with the fixed analyzer method [J]. IEEE Photon. Technol. Lett., 1998,10(7):997-999.

[15] 刘秀敏,李朝阳,李荣华,等. 用Sagnac干涉法和固定分析法测量光纤偏振模色散[J]. 中国激光,2002,A29(5):455—458.

[16] Heffner B L. Automatic measurement of polarization mode dispersion using Jones matrix eigenanalysis [J]. IEEE Photon. Technol. Lett., 1992,9(4): 1066-1069.

[17] Heffner B L. Accurate, automatic measurement of differential group delay and principal states variation using Jones matrix eigenanalysis [J]. IEEE Photon. Technol. Lett., 1993,7(5):814-817.

[18] Hui R Q, O'Sullivan M. Fiber optic measurement techniques [M]. Academic Press, 2009.

[19] Polarization Mode Dispersion Measurement for Single-Mode Optical Fibers by Stokes Parameter Evaluation, Telecommunications Industry Association Std. TIA/EIA-455-122: 2002 [S/OL]. http://www.tiaonline.org/standards/

[20] Andrescian D,Curti F,Matera F,etc. Measurement of the group-delay difference between the principal states of polarization on a low birefringence terrestrial fiber cable [J]. Opt. Lett.,1987,12(10):844-846.

[21] Poole C D, Bergano N S, Wagner R E, etc. Polarization dispersion and principal states in a 147-km undersea lightwave cable [J]. Lightwave Technol. , 1988, 7(6): 1185-1190.

[22] Collet E. Polarized Light—Fundamentals and applications [M]. New York: Marcel Dekker Inc. , 1993.

[23] Nyman B. Automatic system for measuring polarization-dependent loss [J]. OFC 1994, San Jose CA, ThK 6: 230.

[24] Derickson D. Fiber Optic Test and Measuremen [M]. Upper Saddle River: Prentice Hall, 1998.

[25] Heath M T. Scientific Computing: An Introductory Survery [M]. 2nd ed. New York: McGrawHill, 1997.

[26] DAMASK J N. Polarization Optics in Telecommunications [M]. New York: Springer, 2005.

[27] GALTAROSSA A, MENYUK C R. Polarization mode dispersion [M]. New York: Springer, 2005.

[28] HUI R Q, O'SULLIVAN M. Fiber Optic Measurement Techniques [M]. Burlington: Elsevier, 2009.

[29] DERICKSON D. Fiber Test and Measurement[M]. Upper Saddle River: Prentice Hall, 1998.

[30] COLLETT E. Polarization Light in Fiber Optics[M]. Lincroft: The PolaWave Group, 2003.

第 5 章　偏振模色散的补偿技术

从前几章的介绍我们知道，偏振模色散对高速光纤通信系统有很大影响，可以使光纤中传输的光信号产生畸变，造成误码。这就需要研究光纤偏振模色散的补偿技术。由于实际光纤链路中偏振模色散具有统计特性，它是随时间随机变化的，因此要求采用的补偿方法以自适应光纤中偏振模色散的变化，这就对偏振模色散补偿技术提出了更高的要求。目前光纤通信系统主要分为直接检测系统与相干检测系统，我们将分两节分别介绍在直接检测系统和相干检测系统中偏振模色散补偿的一些有效技术。

5.1　直接检测光纤通信系统中偏振模色散的补偿技术

直接检测是利用光电探测器将光信号转变为光电流信号，这是一个平方检测过程，光电探测器的光电流正比于光信号幅度模的平方。因此所转变的电信号只含有光信号的幅度信息，没有包含相位信息，适合非归零码(NRZ)、归零码(RZ)和载波抑制归零码(CS-RZ)的探测。如果在接收端利用非对称马赫－增德尔干涉仪等自相干器件，可以检测差分相移键控的码型，如 DPSK 和 DQPSK 信号。直接检测系统造价低、操作简单，适合于低速、简单码型的接收。由于直接检测不能提取相位信息，因此不能接收 M-QAM 等高级调制格式信号。相干检测系统利用一个本地激光器与接收的光信号相干，可以同时提取光信号里的幅度和相位，因此可以接收高级调制格式。还可以将光信号在光纤信道经历的各种损伤转换到电域系统，利用数字信号处理技术(DSP)进行均衡。另外本地激光器的利用，可以提升接收机的灵敏度。

本节介绍在直接检测光纤通信系统中偏振模色散补偿(也叫均衡)的典型技术。偏振模色散补偿技术是在接收端实施，利用电域的技术或者光域的技术，以及光电混合的技术，对于偏振模色散效应引起的信号进行恢复。下面介绍主要的电域补偿技术和光域补偿技术。

5.1.1　电域补偿技术

1. 电均衡器[1,2]

电均衡器对于 PMD 的补偿是在光电转换之后，对于转换后的电信号进行处理完成的，偏振模色散对信号造成的损伤可以看成是码间干扰(Inter-Symbol Interference,ISI)。一阶 PMD 和高阶 PMD 在光域中对信号造成的损伤是线性损伤,但是在转换到电域后,有时还是线性损伤,但有时也转变成了非线性损伤。光纤信道的作用可以用一个复数函数 $H(f)$表示,如果光电转换是线性的,电均衡器就像一个自适应滤波器,产生一个补偿函数 $H_{comp}(f)$,它接近逆函数 $H^{-1}(f)$,使得 $H(f)\times H^{-1}(f)=1$,于是信号损伤得以恢复(如图 5-1-1 所示)。对于非线性损伤,每个传输信道可以近似按照线性损伤处理。

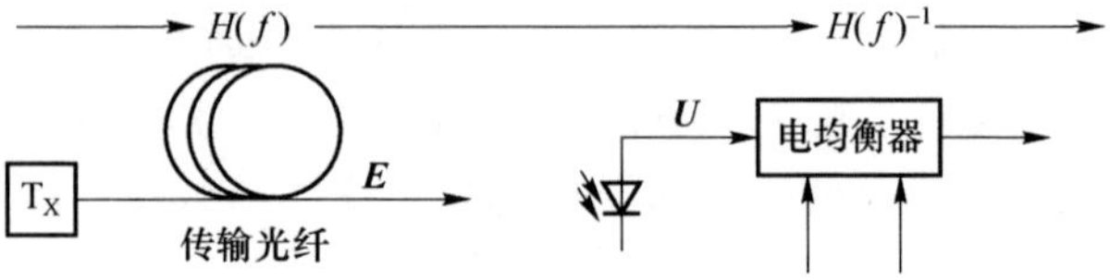

图 5-1-1　电均衡器补偿 PMD 的原理图

电均衡器主要有三种结构:前馈均衡器(Feed Forward Equalizer,FFE)、判决反馈均衡器(Decision Feedback Equalizer,DFE)和最大似然系列估计器(Maximum Likelihood Sequence Estimation,MLSE)。其中 FFE 和 DFE 属于码元均衡器,即对受到码间干扰的单个码元进行均衡和判决输出,而 MLSE 是对一个序列的码元作整体的判决输出。

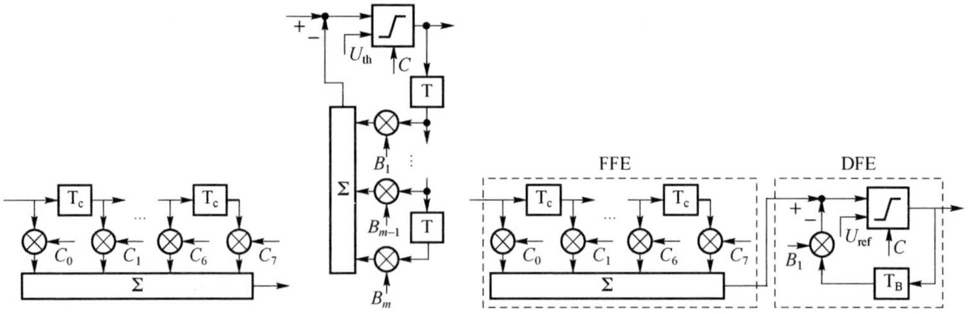

(a) 前馈均衡器　(b) 判决反馈均衡器　(b) 联合使用FFE和DFE的均衡器

图 5-1-2　不同电均衡器的结构

FFE 是一种简单的线性滤波器,其结构如图 5-1-2(a)所示。它利用延迟抽头单元横向排列构成的横向滤波器来实现。FFE 均衡器的输入信号被多级延迟,每级延迟 1 bit 时延(同步间隔情况)或者小于 1 bit 时延(分数间隔情况),各级延迟后的信号被抽取出来,并乘上权重系数 C_n(抽头系数)送入求和器求和。通过调节不同的延迟抽头系数来实现所要的滤波函数 $H_{comp}(f)$。

DFE 是一种非线性滤波器,可以处理比较严重的信号损伤。如图 5-1-2(b)所示,它包括前向支路中的判决电路和前馈均衡支路中的前向均衡器。基于对前面比特码元的判决,DFE 将已经判决的比特码元乘上权重(权重系数 B_m)叠加到当前比

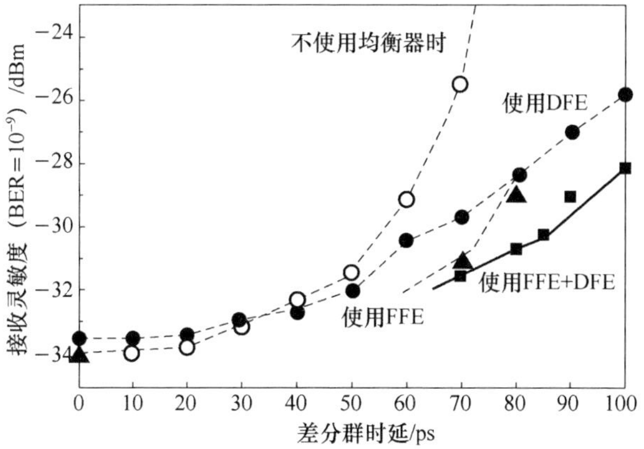

图 5-1-3 不同电均衡器无误码传输（BER=10^{-9}）的接收器灵敏度比较

特码元之中去，这样 DFE 可以消除损伤信号的后达响应（拖尾）。

将 FFE 与 DFE 联合使用可以将二者的优势都发挥出来（图 5-1-2(c)）。FFE 处理小损伤的高效率与 DFE 处理大损伤的高效率相结合，使得整体处理信号损伤的效率提高。实际上 FFE 的主要任务是处理探测比特码元的上升沿，而由于比特码元的拖尾造成的 ISI 则由 DFE 解决。

利用最大似然系列估计器（MLSE）对 PMD 进行补偿也时有报道[2]。从结构上看（如图 5-1-4 所示），它与 FFE 与 DFE 最大的区别是利用 DSP 的巨大运算能力来处理信号损伤。由于 DSP 的巨大运算能力，它是电均衡器的发展方向。

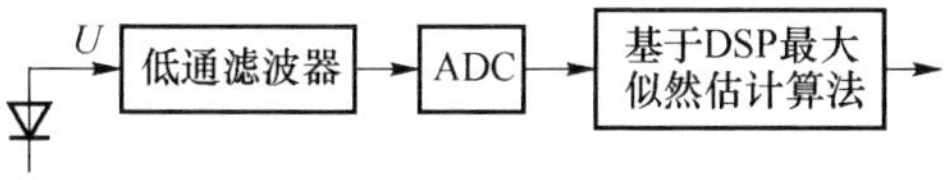

(a) MLSE处理信号损伤的示意图

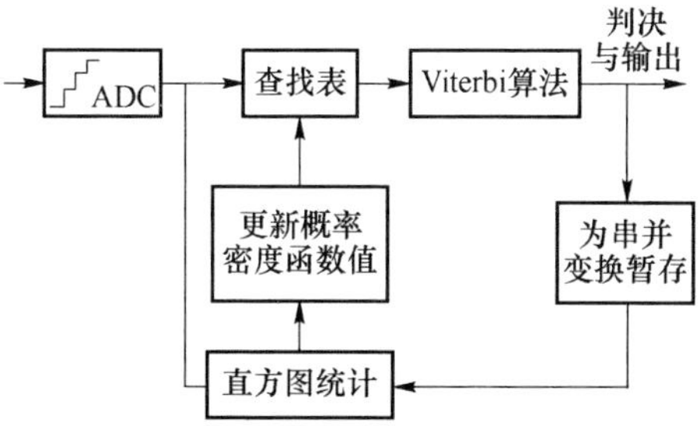

(b) 基于维特比算法的一种MLSE结构

图 5-1-4 最大似然系列估计器

2. 前向纠错技术[3]

前向纠错（Forward Error Correction，FEC）是在数字通信系统中应用的基本差错控制方式之一，其原理是：发射端在信息比特后附加冗余的校验比特，进行编码，接收端在译码的同时，在纠错能力范围内，自动纠正传输中的错误，而无须信息的重发。在早先的光纤通信系统中，一方面由于光纤以及与系统相关的光电子器件的发展，系统性能优于一般电缆及无线通信方式，因而无须采用 FEC 技术；另一方面由于光传输信息速率相对较高，没有与其匹配的纠错编译码器。直到 20 世纪 80 年代末，光传输速率提高到 Gbit/s，并且光放大器的诞生与应用延长了无中继传输距离，一些在短距离、低速系统中表现不出来的信号损伤因素，如色散、偏振模色散、非线性效应开始显现，限制了系统性能的进一步改善，于是才开始了将 FEC 技术应用于光通信系统的研究。同时，随着现代科学技术的发展，尤其是集成电路技术的进步，商用的光通信系统 FEC 纠错编译码器已出现，从而使得 FEC 在实际系统中的应用成为可能，它可以纠正由色度色散、偏振模色散、非线性效应引起的误码，并由此实现了 Tbit 容量的传输。光纤通信中常用的 FEC 编码类型主要有 RS 码(Reed-Solomon Code)、级联吗(Concatenated Code)、分组 Turbo 码(Block Turbo Code，BTC)、低密度奇偶校验码(Low Density Parity Check，LDPC)等。下面举两个直接检测系统中应用 FEC 补偿 PMD 造成信号损伤的例子。

在欧洲光纤通信 2002 大会(ECOC2002)上，报道了 Ishida 等人将 FEC 技术应用于 PMD 的补偿实验[4]。他们的实验系统如图 5-1-5(a)所示，实验将 42×22.8 Gbit/s，50 GHz 间隔的 DWDM 信号传输了 3 540 km，其中每个放大间隔内都插入一段 1.4 ps 的双折射光纤，以增加链路 PMD。

目前大多数 FEC 系统提供错码计数函数，以及“0”“1”码电平判决阈值 V_{th} 调整功能。该实验采用主态(PSP)传输法补偿 PMD，即利用发射端的偏振控制器(PC)将发射光信号调整在整个光纤链路的主态方向，则传输中不会产生 PMD 效应。DWDM 系统将 21 个奇数信道和 20 个偶数信道的偏振态正交地耦合进偏振合波器，第 26 信道加入一个可控 PC 与其他 41 个信道结合到一起调整入纤的偏振态(SOP)(如图 5-1-5(b))。远端基站在接收机后进行 FEC 纠错，并进行纠错比特计数，随即将纠错技术耦合入远端基站的发射机的 FEC 编码帧中，然后马上反馈到近端基站，通过无须重置的算法去不断控制调整 PC 使错误比特的数量减小到最少。实验效果通过每 2 秒钟检测一次误码率来检验。图 5-1-5(c)是实验检验效果(将误码率换算成 Q 值代价)。可见在偏振控制器启动调整之前，Q 值代价随机性地变得很大，开启偏振控制器的动态调整后，Q 值代价持续保持在低位，PMD 得到补偿。

2004 年 OFC2004 大会报道了贝尔实验室刘翔等人利用分布式快速偏振扰动结合 FEC 技术补偿偏振模色散的方案[5]，实验装置如图 5-1-6(a)所示。在 FEC 纠错时，如果码流错误能比较均匀地分布在 FEC 的帧结构中，纠错正确率高；如果光纤链路中遇到间歇性突发的扰动，码流错误就会集中在 FEC 的帧结构的一处，纠错正确率就会降低。如图 5-1-6(b)所示，光纤链路中的 PMD 是具有间歇突发性的，PMD 引起的突发错误码流长过 FEC 的突发误码纠正周期(Burst Error Correction Period，BECP，毫秒量级)，或者说码流错误长度与 FEC 帧结构中的突发误码纠正长度(Burst Error Correction Length，BECL)可以相比拟，从而造成 FEC 无法纠正时，

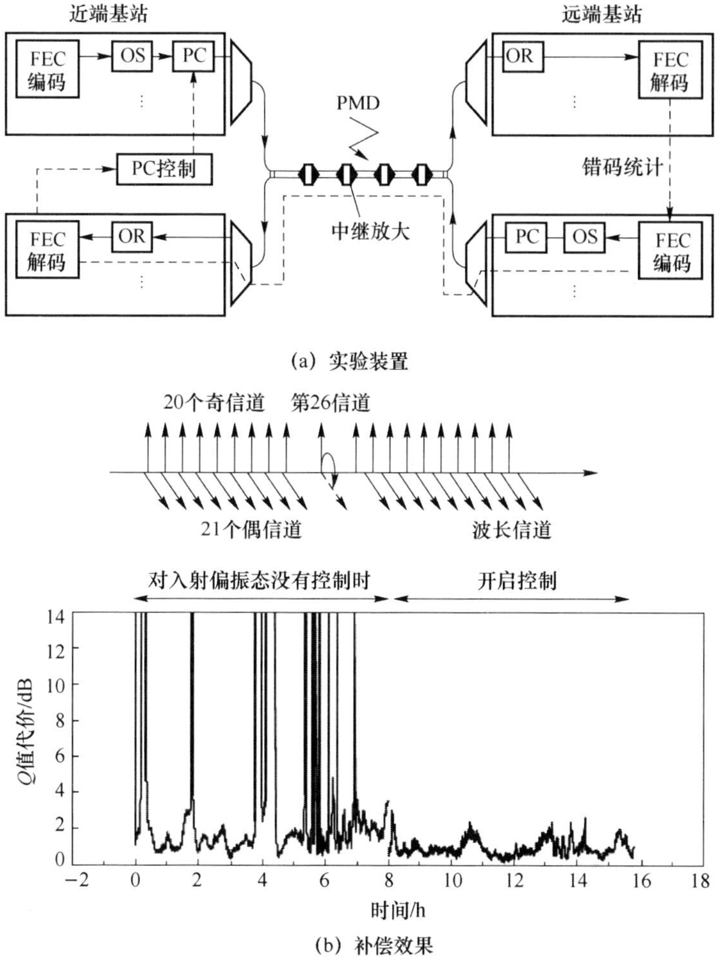

图 5-1-5 ECOC2002 上报道利用 FEC 技术补偿 PMD

出界概率就会间歇性突发出现。刘翔的想法是把几个扰偏器分布式放置在光纤链路中。当扰偏速率足够快时,可以使 PMD 引起的码流错误被平均化,突发错误码长始终远小于 BECL,或者说将突发错误分散到各个 FEC 帧结构中,则 FEC 就可以长时间地不断完成纠错任务(图 5-1-6(c))。利用这一方案实现了 43 Gbit/s DPSK 传输系统 PMD 的补偿。

5.1.2 光域补偿技术

1. 光域偏振模色散补偿器的结构

在光域对偏振模色散进行补偿是在接收端光电转换之前,利用光学手段补偿偏振模色散。如图 5-1-7 所示,光传输链路的 PMD 可以用光传输函数 $M(\omega)$表示,调节

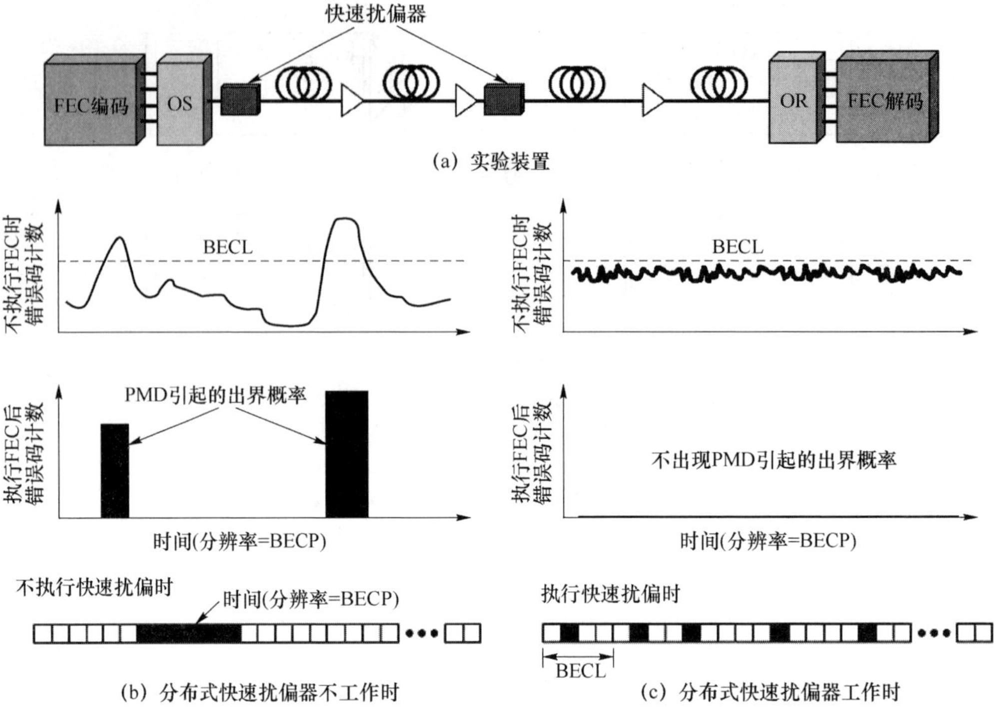

图 5-1-6 分布式快速扰偏结合 FEC 技术补偿 PMD 的方案

光域 PMD 补偿器，使补偿器具有补偿函数 $M_{\text{comp}}(\omega)=M^{-1}(\omega)$，则信号损伤得到补偿。

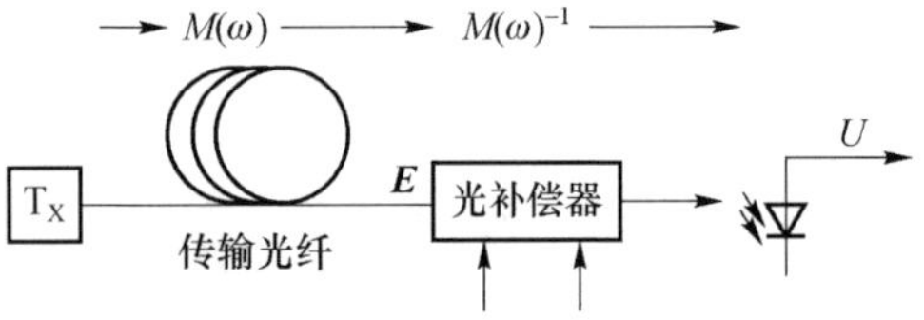

图 5-1-7 光域 PMD 补偿的示意图

反馈式光 PMD 补偿器是由补偿单元、反馈信号提取单元以及逻辑控制单元三部分组成。逻辑控制单元中的控制算法根据反馈信号调整补偿单元的元器件，搜索到最佳补偿点。补偿单元由一系列子单元组成。一个子单元包括一个偏振控制器(PC)和一个时延线(DGD)。只有一个子单元的补偿器称为一阶段补偿器[图 5-1-8(a)]，它可以补偿链路中的一阶 PMD；含有两个子单元的补偿器称为两阶段补偿器[图 5-1-8(b)]，它可以补偿链路中的一阶 PMD 以及二阶 PMD 中的垂直分量(去偏振分量)；含有三个子单元的补偿器称为三阶段补偿器，可以完全补偿一阶及二阶 PMD。一个 PC 需要三个自由度可调(见 2.4 节)，固定时延线不可调，可变时延线有一个自由度可调。因此一阶段补偿器有 3 个或 4 个自由度，两阶段补偿器有 6 或 7 个自由度，三阶段补偿器有 9 或 10 个自由度。子单元段数越多，补偿效果越好，然而自由度相应增多，补偿器响应时间变慢。因此一般系统中只用一阶段补偿器或两阶段补偿器补偿 PMD，这是因为：20 世纪 90 年代中期以后铺设的光缆 PMD 值都比较小，二阶 PMD 可以忽略；即使存在二阶 PMD，其垂直分量（去偏振分量）是统计上的大分量，而平行分量（PCD 分量）是统计上的小分量（见 3.2.3 小节和 3.3.4 小节）。因而只考虑补偿到二阶 PMD 的垂直分量即可。

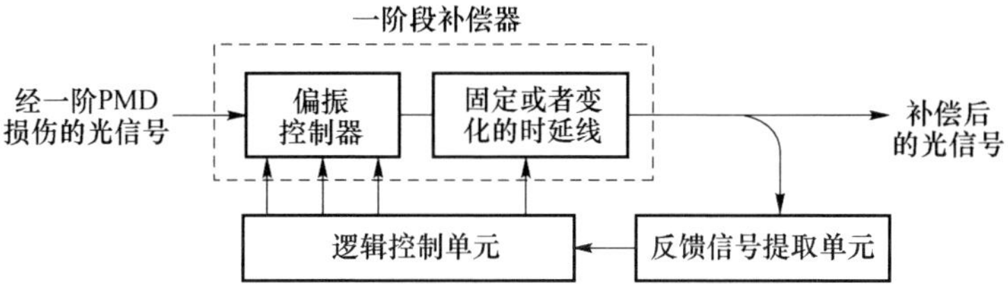

(a) 一阶段补偿器

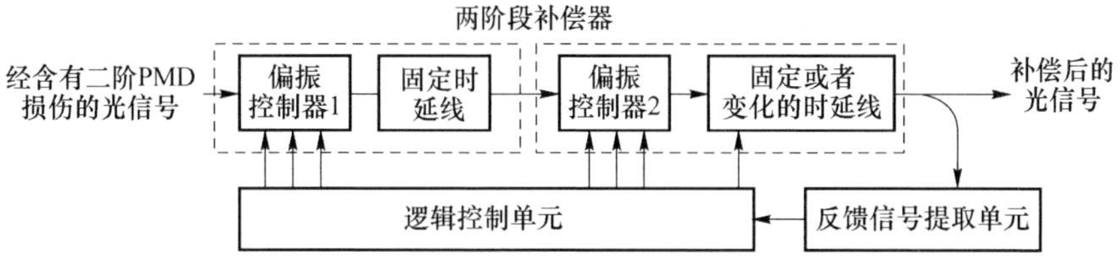

(b) 两阶段补偿器

图 5-1-8 光域 PMD 补偿器结构

图 5-1-9 显示一阶段与两阶段补偿器补偿效果的比较[1]。纵轴表示模拟器上千次变化并让补偿器进行补偿后积累的出界概率，横轴代表功率代价。可见，在 1% 出界概率时，一阶段补偿器使得功率代价下降了 3.5 dB，而两阶段补偿器改善的功率代价为 4.3 dB。

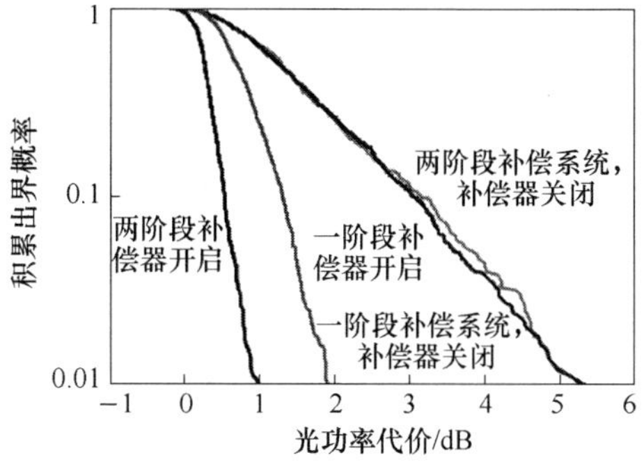

图 5-1-9 一阶段与两阶段补偿器效果

在光域 PMD 补偿器中，关键器件有偏振控制器和可变时延线。商用偏振控制器已经在第 2 章中做过介绍，这里不再赘述。商用可变时延线有 General Photonic 公司的 DynaDelay™，其插损小于 1.5 dB，DGD 分辨率为 1.36 ps，变化响应时间约为 500 μs。

2. 反馈监测信号的提取

偏振模色散 PMD 补偿器的取样监测方法应该具有以下特点：(1) 灵敏性，取样信号能够反映 PMD 的微小变化；(2) 与误码率的相关性，与误码率相关性越紧密越好；(3) 响应速度，取样信号的提取应该跟得上 PMD 的变化。

目前实用的偏振模色散取样监测方法有：(1) 偏振度(Degree of Polarization, DOP)法[6](图 5-1-10(a))；(2) 电域频率分量电功率法(the Power of Data's Spectral Frequency Components)[7](图 5-1-11(b))；(3) 眼图代价法(Eye-opening Penalty)[8](图 5-1-10(c))。

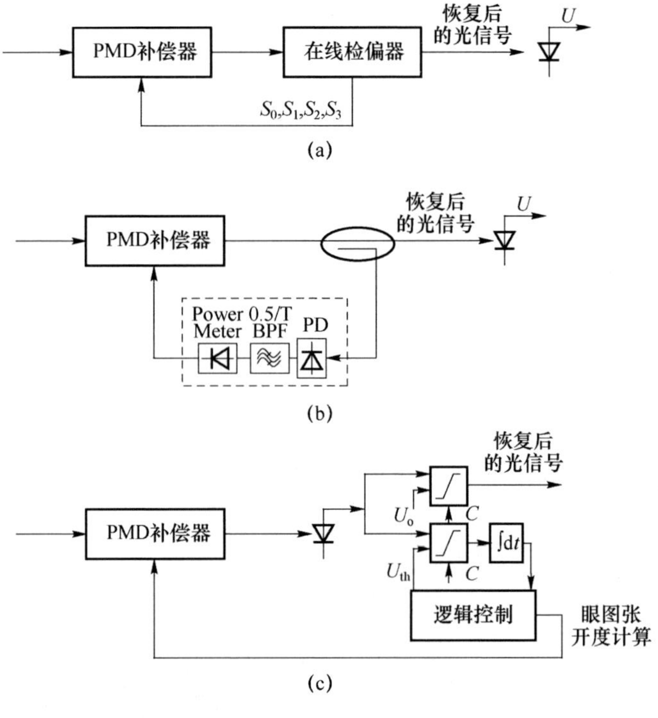

图 5-1-10 三种 PMD 监测反馈信号提取方法

偏振光的偏振度(Degree of Polarization, DOP)定义为完全偏振光光功率在整个光光功率的比例，用 Stokes 参量 S_0，S_1，S_2，S_3 表示为

$$\mathrm{DOP}=\frac{\sqrt{S_1^2+S_2^2+S_3^2}}{S_0} \tag{5-1-1}$$

由于 Stokes 参量是测量光强而得，因而以 DOP 作为监测反馈信号对码率透明。用一个在线检偏器提取 DOP，响应速度快。可以监测大于一个比特周期的 DGD 反馈信号。图 5-1-11 为本章参考文献[9，10]报道提取的 DOP-DGD 实验曲线。可见 DOP 反馈信号只与信号脉宽有关，与码速率无关，使得以 DOP 作为反馈信号的补偿器使用范围更广。另外，本章参考文献[9]报道的实验表明，该补偿器与调制码型类型也无关。

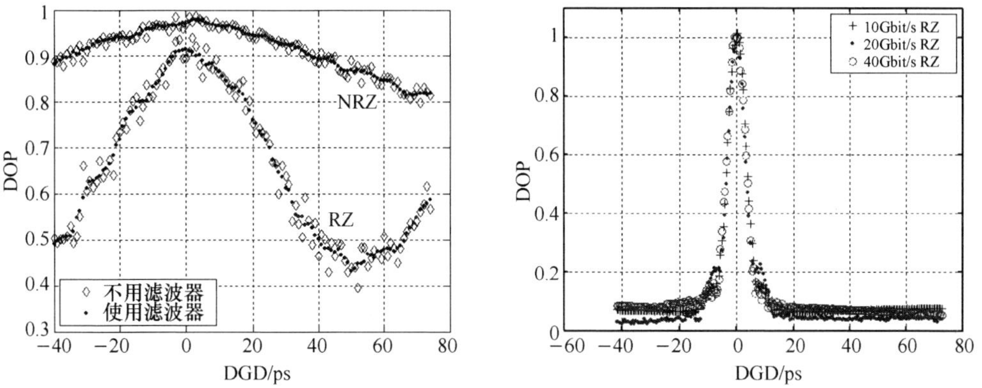

(a) 10 Gbit/s的NRZ与RZ信号曲线

(b) 脉宽约8 ps的10 GHz脉冲源信号得到的10 Gbit/s信号曲线与复用到20 Gbit/s、40 Gbit/s信号曲线

图 5-1-11 DOP-DGD 实验曲线

电域频率分量电功率法也可以用作偏振模色散的在线取样监测，为补偿器提供反馈信号方案的结构，如图 5-1-10(b)所示。在接收端耦合出部分信号经 PD 光电转换成微波信号，利用微波带通滤波器(Band-Pass Filter，BPF)提取光传输信号速率的 1/2、1/4、1/8 频谱分量的电功率信号，送入逻辑控制单元作为反馈信号。假如光纤链路中光信号具有 $\Delta\tau$ 的偏振模色散，在两个偏振主态 PSP 上的分光比为 $\gamma:1-\gamma$，则在光电检测以前两个 PSP 方向的脉冲时域信号分别用 $\gamma F(t)$ 和 $(1-\gamma)F(t+\Delta\tau)$ 表示，则对于平方检测的光接收机接收到的电功率谱密度为

$$P(f)\propto 1-4\gamma(1-\gamma)\sin^2(\pi f\Delta\tau) \tag{5-1-2}$$

图 5-1-12 是本章参考文献[11]中实验提取的电域频率分量电功率-DGD 曲线。电域频率分量电功率监测取样法响应速度快，但是它不能监测反映大于一个比特周期 DGD 的信号，另外它与比特率有关，补偿器普适性差。但是如果在偏分复用系统中进行 PMD 补偿，接收到的 x、y 两路垂直信号是非相关的，属于非相干叠加，DOP 不能反映链路中 PMD 的变化。采用电域频率分量电功率监测取样法是一个比较好的选择。

眼图代价法是在接收器光电检测后监测眼图张开度作为反馈信号[图 5-1-10(c)]，它与误码率密切相关，但是电路相对复杂。

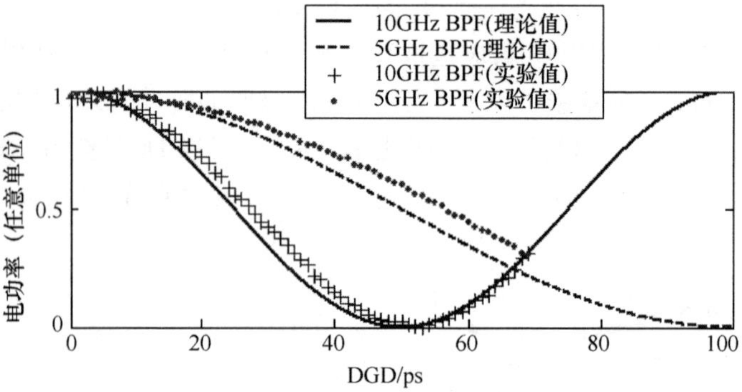

图 5-1-12　使用不同带通滤波器，电功率-DGD 的理论和实验结果（$\gamma=0.5$）

3. 自适应控制算法

光域 PMD 补偿器中最关键的部分是自适应控制算法。实际光纤链路中的偏振模色散具有统计特性，随时间在不断地变化，图 5-1-13 显示 2003 年在美国斯普林特公司的一条光缆 86 天内 PMD 的变化[12]。因此要求补偿器是自适应的，能够随 PMD 变化而不断跟踪变化。

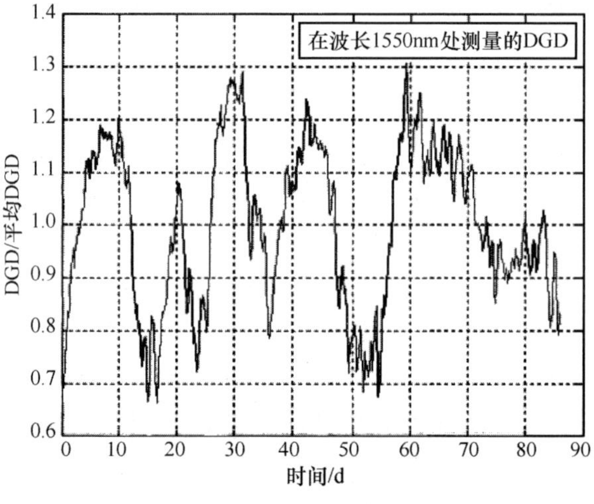

图 5-1-13　美国斯普林特公司的一条光缆 86 天内 PMD 的测量值

控制算法的重要性如同人的大脑支配着人体的行动一样，控制算法控制着补偿器的行动。利用反馈控制算法，调整各个自由度的可调参量，在多维空间中搜索目标函数（反馈信号）的全局最大值（也可以是全局最小值），数学上表示为

$$\underset{\text{parameters}\in P}{\text{MAX}}\ (\text{function}) \tag{5-1-3}$$

其中，function 是目标函数，在 PMD 补偿中就是反馈信号（DOP 信号或者电域频率分量功率信号等）；parameters 是所有自由度的可调参量；P 是 parameters 所在范

围。以图 5-1-8(b)所示的两阶段固定时延线补偿器为例，是 6 自由度补偿器。补偿器的目的是找到偏振控制器 6 个控制电压的最佳组合(V_1，V_2，V_3，V_4，V_5，V_6)，即找到最佳补偿点，完成最佳补偿。如果没有任何算法，将 6 组电压逐一历遍，即历遍整个 6 维空间的电压组合，从而找到最佳补偿点，假定每个电压在其变化范围内分 100 个间隔，将有 100^6 个组合，运算量相当大，难以适应偏振模色散的随机变化。

优秀的控制算法应该具备以下特点：(1)能够快速收敛到最佳补偿点；(2)能够避免陷入目标函数的局部极值，而不是全局最佳值；(3)能够抵抗噪声。对于光域 PMD 补偿器，一阶段补偿器具有 3 个或 4 个自由度可调参数，两阶段补偿器具有 6 或 7 个自由度可调参数。一般来讲，可调自由度越多，目标函数(即反馈信号函数)出现局部极值的数量越多。图 5-1-14 显示了北京邮电大学课题组搭建的 PMD 补偿系统中，DOP 反馈信号随偏振控制器控制电压变化时，目标函数 DOP 的实验测量曲面，图中可见，在控制电压范围内除了全局最大值之外，还存在多个局部极值，并且显示系统有较大噪声。

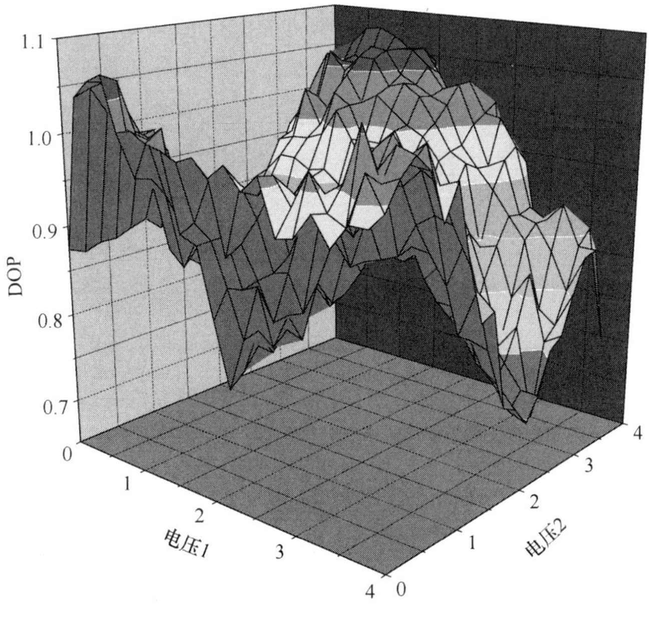

图 5-1-14 北京邮电大学课题组测量的 DOP 反馈信号函数曲面

常用的控制算法有粒子群优化算法(Particle Swarm Optimization，PSO)、遗传算法(Genetic Algorithm，GA)、爬山算法(Hill-Climbing Method)[13]等。北京邮电大学课题组首先将 PSO 算法用于 PMD 补偿控制[14-16]，取得相当好的效果。2005 年德国汉堡大学的 Kieckbusch 等人在德国电信柏林段进行了 160 Gbit/s DPSK 的传输现场实验[17]，其中用到 PMD 补偿器[图 5-1-15(a)]。他们在本章参考文献[17]中评价本章参考文献[15]提出的算法“解决了补偿陷入局部极值问题”。2008 年日本

OKI 电气公司的 Kanda 等人在东京都到大阪的光通信线路上做了 160 Gbit/s CS-RZ 的传输现场实验[18]（图 5-1-15 (b)），其补偿的搜索算法用的就是本章参考文献[16]介绍的 PSO 算法。下面简单介绍一下 PSO 算法在 PMD 补偿中的应用[16]。

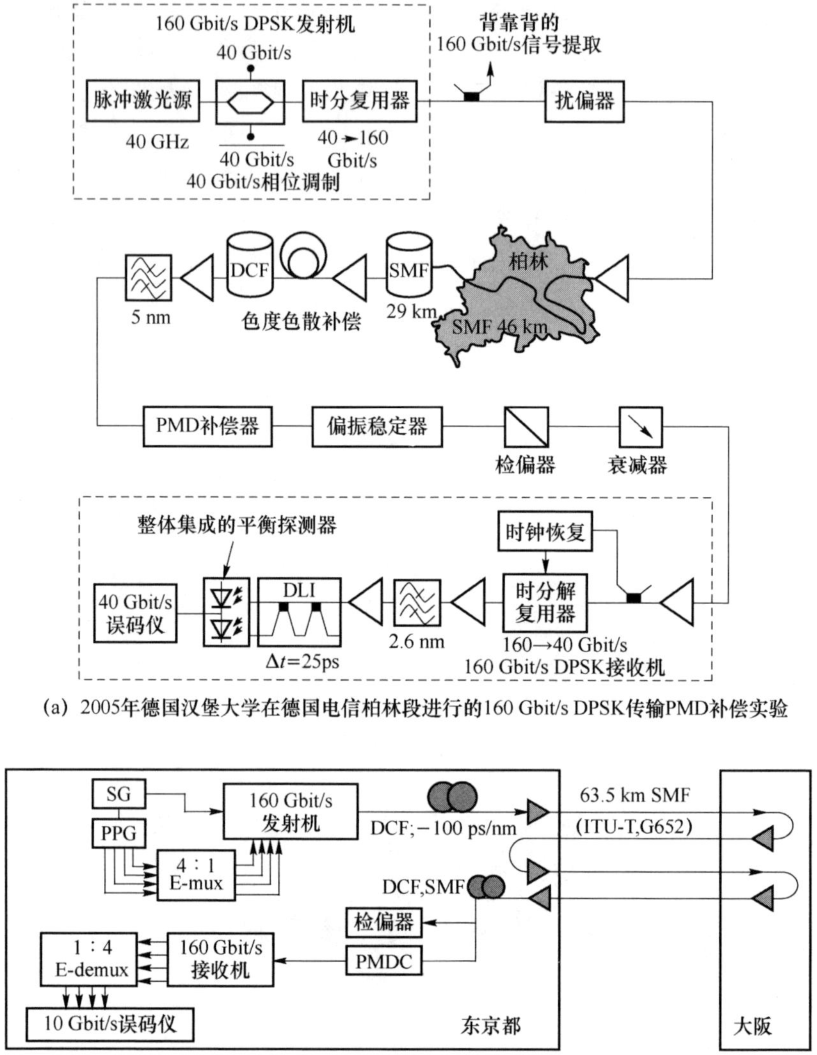

(a) 2005年德国汉堡大学在德国电信柏林段进行的160 Gbit/s DPSK传输PMD补偿实验

(b) 2008年日本OKI电气公司在东京都到大阪的传输线上进行的160 Gbit/s CS-RZ传输PMD补偿实验

图 5-1-15　使用光域 PMD 补偿器的现场实验

粒子群优化算法是由 Kennedy 和 Eberhart 于 1955 年提出的[19]，它是模仿鸟群或鱼群搜索捕食的行为而设计的一种优化算法。PSO 算法利用由个体或粒子(individual or particle)组成的社会群体(swarm)搜索最佳解。每个个体或粒子抽象成多维空间中的一个交汇点，每个粒子通过迭代更新(或移动)自己在多维空间中的位置，以寻找最佳点。在每次迭代中，粒子对自己过去的最佳位置有信息记忆，同时它与社会群体中每个邻居粒子相互分享最佳位置的信息。每个粒子同时评价这两个信息以决定它下一步的移动。当群体中的任何一个粒子离最佳目标位置足够近，或者说离最佳目标位置的距离小于事先规定的误差，则认为群体已经找到了最佳位置。

PSO 算法定义第 i 个粒子为 D-维空间中的位置矢量，表示为 $\boldsymbol{x}_i=(x_{i1},x_{i2},\cdots,x_{id},\cdots,x_{iD})^{\mathrm{T}}$。又定义这个粒子的移动速度矢量表示为 $\boldsymbol{v}_i=(v_{i1},v_{i2},\cdots,v_{id},\cdots,v_{iD})^{\mathrm{T}}$，假定 PSO 算法采用 N 个粒子组成全部群体。PSO 搜索开始时，首先随机初始化 N 个粒子的位置和速度，使 N 个粒子均匀分布在搜索空间。然后粒子们通过迭代来更新自己的位置，逐渐趋向最优化目标。在每一步迭代中，每个粒子通过评价自己以前曾经找到的最好位置，这个位置记忆为个体最佳位置 pbest，其中第 i 个粒子的 pbest 记为 $\mathbf{pbest}_i=(\mathrm{pbest}_{i1},\mathrm{pbest}_{i2},\cdots,\mathrm{pbest}_{id},\cdots,\mathrm{pbest}_{iD})^{\mathrm{T}}$，并结合评价整个粒子种群目前共同找到的最好位置，这个位置记忆为全局最佳位置 gbest，$\mathbf{gbest}=(\mathrm{gbest}_1,\mathrm{gbest}_2,\cdots,\mathrm{gbest}_d,\cdots,\mathrm{gbest}_D)^{\mathrm{T}}$，来调整决定该粒子下一步的移动速度方向 $\boldsymbol{v}_i$，并计算粒子新的位置。在粒子调整下一步移动速度方向的过程中，考虑自身以前最好位置对下一步的影响称为“个体认知”，而考虑整个种群找到的最好位置对其下一步的影响称为“群体学习”。PSO 算法之所以具有很强的优化（或搜索）能力、抗干扰能力，正是将社会学中“个体认知”和“群体学习”两个必要的组成部分有机结合的结果。

PSO 算法在每一步迭代时用下面的公式来更新每个粒子（比如第 i 个粒子）的速度和位置：

$$\begin{cases} v_{id}=v_{id}+\underbrace{c_1\times\mathrm{rand}()\times(\mathrm{pbest}_{id}-x_{id})}_{\text{“个体认知”项}}+\underbrace{c_2\times\mathrm{rand}()\times(\mathrm{gbest}_d-x_{id})}_{\text{“群体学习”项}} \\ x_{id}=x_{id}+v_{id} \end{cases} \tag{5-1-4}$$

其中，rand ()是[0, 1]区间的随机数。式中第二项对应“个体认知”项，第三项对应“群体学习”项。c_1 和 c_2 分别是“个体认知”和“群体学习”系数，决定了“个体认知”和“群体学习”对于粒子更新影响的比重。

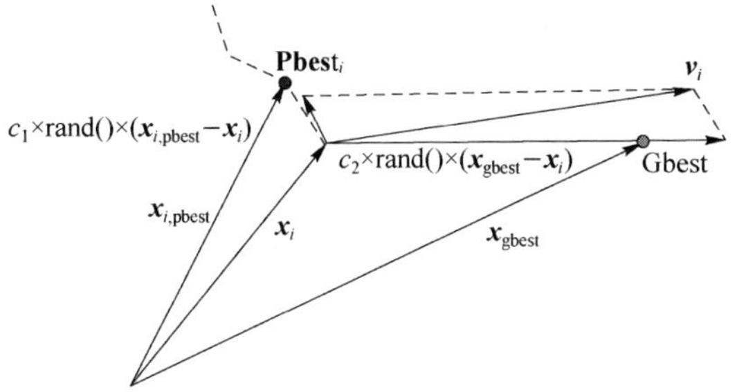

图 5-1-16 PSO 算法第 i 个粒子在空间中更新位置的矢量示意图

图 5-1-16 说明了 PSO 算法中第 i 个粒子在空间中如何更新自身位置的矢量示意图。其中 $\boldsymbol{x}_i$ 为第 i 个粒子当前的位置矢量，它的下一步更新方向 $\boldsymbol{v}_i$ 由“个体认知”与“群体学习”共同决定。假如该粒子的 pbest_i 位置在该粒子当前位置的左上方，位置矢量是 $\boldsymbol{x}_{i,\text{pbest}}$，“个体认知”的方向发展是 $\boldsymbol{x}_{i,\text{pbest}}-\boldsymbol{x}_i$，通过 $c_1\times\text{rand}()$ 系数调整“个体认知”的比重大小。再假定其他粒子的 gbest 位置在该粒子的右方，位置矢量为 $\boldsymbol{x}_{\text{gbest}}$，“群体学习”的发展方向是 $\boldsymbol{x}_{\text{gbest}}-\boldsymbol{x}_i$，通过 $c_2\times\text{rand}()$ 系数调整“群体学习”的比重大小。最后“个体认知”与“群体学习”的两个矢量共同决定了更新方向 $\boldsymbol{v}_i$。

图 5-1-17 形象地说明了 PSO 算法 N 个粒子搜索全局最大值的全过程。图 5-1-17(a)显示 20 个粒子在搜索空间中进行位置与速度的随机初始化，图 5-1-17(b)显示每个粒子按照式(5-1-4)更新自己的速度与位置，搜索全局最大值，图 5-1-17(c)显示某些粒子找到全局最大值的情形，搜索结束。

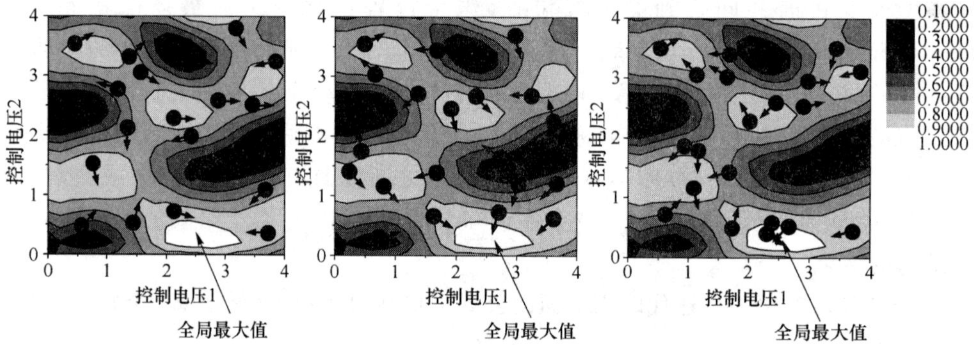

(a) 起始阶段的初始化　(b) 执行搜索的粒子状态　(c) 全局DOP最大值被找到

图 5-1-17　PSO 算法搜索全局最大值全过程示意图

链路中 PMD 是随机动态变化的，最佳补偿点在随时动态变化，图 5-1-18 显示了本章参考文献[20]实验测量到补偿点游动变化的情况。因此作为自适应 PMD 补偿不仅需要搜索算法在瞬间实现对系统的 PMD 补偿，还需要一个跟踪算法继搜索算法之后不断动态地跟踪补偿 PMD 的微小变化。图 5-1-15(b)中日本 OKI 电气公司 2008 所做 PMD 补偿实验中，起始阶段搜索算法采用 PSO 算法搜索全局最佳补偿点，随后跟踪这一不断变化的补偿点时，采用了围绕前一个补偿最佳点附近抖动的算法。而本章参考文献[20]和[16]则在 PSO 搜索到最佳补偿点之后，跟踪算法依然采用了少粒子的 PSO 算法。其思想如下：抖动算法在原最佳点左右抖动而跟踪游动的最佳点，控制一个自由度需要左右两方向的抖动，对于两个自由度的抖动则需要 8 个方向(正东南西北 4 个方向与斜着 45°的 4 个方向)，对于 D 个自由度，在 3^D-1 个方向上需要抖动。显然对于多自由度控制，抖动算法跟不上最佳点游动的速度。我们考虑到 PSO 算法处理高维自由度的上佳本领，利用 5 个粒子在原最佳点附近小范围实施 PSO 搜索，来跟踪游动的最佳点变化，取得了出人意料的上佳表现。图 5-1-19

显示采用20个粒子的PSO全局搜索算法与5个粒子局部范围跟踪算法实施的实验结果。实验结果显示，起初PMD补偿器未开启时，可变PMD模拟器造成反馈DOP信号随机变化，启动PMD补偿器后，PSO搜索算法使DOP迅速达到接近1的高位（图中位置①处），预示补偿器搜索到了最佳补偿点。随后局部PSO跟踪算法跟踪这个游动的最佳点，DOP始终保持在高位。有时遇到光纤链路中的剧烈扰动时，跟踪算法无法跟踪跳动的最佳点，此时DOP急速下降（图中位置②处），而系统及时再次启动PSO搜索算法，使得DOP再次达到高位……这样持续下去，链路中的PMD得到持续补偿。

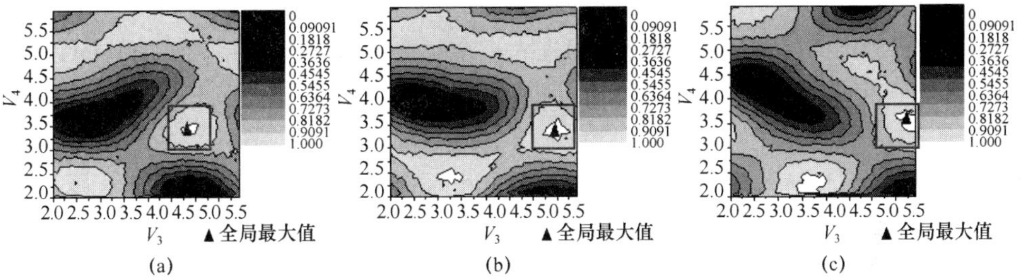

图 5-1-18 实验测量到达最佳补偿点随时间游动情况与PSO跟踪算法的实施

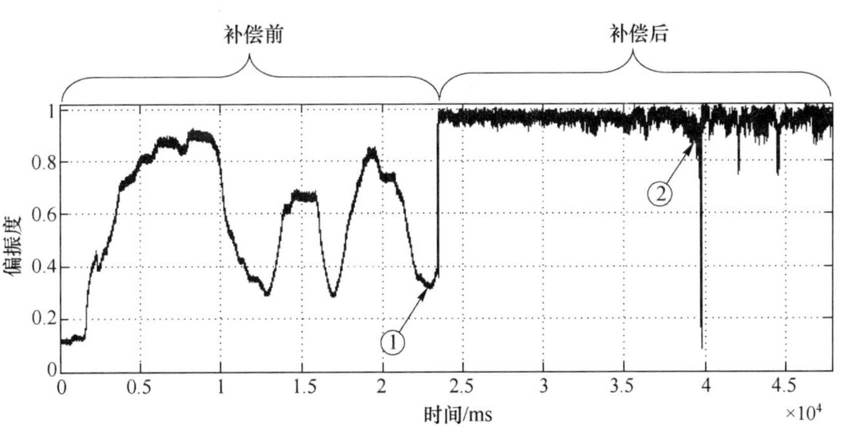

图 5-1-19 利用PSO的搜索与跟踪算法进行PMD实验，其反馈DOP信号的变化

4. 光域偏振模色散补偿样机

关于光域PMD补偿器产品，早在2000年左右，Corning公司推出了补偿10 Gbit/s系统的PMD补偿器；2000年年初YAFO Network公司推出Yafo10也属于10 Gbit/s系统的PMD补偿器。在OFC2001会议上，YAFO Network演示了40 Gbit/s系统的PMD补偿器Yafo40，随后于2002年在德国电信的网络上进行了现场实验[21]。

2001年以美国纳斯达克指数疯狂下跌为标志，世界科技泡沫破灭，使40 Gbit/s

系统的上马拖后了约 6 年。PMD 补偿的商业化进程随之停止，此期间没有公司推出新的商用 PMD 补偿器。2006 年左右，随着人们对信息容量的需求迅速增大，世界各国逐步上马 40 Gbit/s 系统，PMD 的问题由此逐渐引起了人们的关注。2007 年 Stratalight公司(后被 Opnext 公司收购)推出了 OTS 4540 PMD 补偿器[22]，标志着 PMD 商业化解决方案的又一次启动。

2008—2010 年，北京邮电大学课题组受华为技术有限公司的委托，研制成功中国第一台实用化 PMD 自适应补偿样机，该样机在华为的 40×43 Gbit/s 密集波分复用(DWDM) RZ-DQPSK 1 200 km 的传输实验平台上通过了多项测试，其指标达到了商用的要求[23]。测试平台如图 5-1-20 所示。将 40 × 43 Gbit/s DWDM RZ-DQPSK的发射信号经过波分复用进入一个扰偏器(Polarization Scrambler，PS)，然后经过一个 PMD 模拟器(PMD Emulator，PMDE)，将信号引入 1 200 km 的 G652 光纤链路，该链路每个跨段为 75 km，每一个跨段含有掺铒光纤放大器(EDFA)与色散补偿模块(Dispersion Compensation Module，DCM)。解复用后在一路波长(193.1 THz)信道放置 PMD 补偿样机，补偿后的信号进入接收机。PMD 补偿器属于一阶段结构[如图 5-1-20(a)中的插入图]，包含一个电控的偏振控制器和一段 30 ps的固定时延线。由一个检偏器监测 DOP 反馈信号，基于 DSP 的控制单元采用 PSO 算法和十字跟踪算法完成搜索与跟踪。经测试，一个反馈搜索循环平均响应时间约为40 μs，一个跟踪循环响应时间约为 25 μs。

PMD 补偿样机的背靠背性能测试如图 5-1-21 所示。在背靠背环境下，当 PMD 模拟器分别给出 0 ps、15 ps、30 ps、45 ps 的偏振模色散条件下，分别测试不同光信噪比(OSNR)下的误码率。图中可见，在前向纠错的阈值(BER＝1E-3)下，所需OSNR 在 13～13.8 dB，变化小于 1 dB。如图 5-1-22 所示，由于系统采用RZ-DQPSK调制格式，有一定的 PMD 容忍度。在 1 dB 光信噪比(OSNR)余量下，不使用补偿样机，系统可以容忍的 DGD 为 17 ps，使用补偿样机后，系统 DGD 容忍度提高了 26 ps，达 43 ps。

在测试补偿样机的动态特性时，将 PMD 模拟器设置成 5 ps PMD 的跳变模式，测试样机的性能，从图 5-1-23 可见，样机可容忍约 5 ps/s 的 DGD 跳变。

在如图 5-1-20 所示的 1 200 km 传输平台上，将扰偏器设置成 85 rad/s 的偏振态不间断变化，期间还伴随敲击光纤架与 DCM 模块，以提供随机性的扰动[图 5-1-20(b)]。测试试验持续了 12 小时，试验表明，在 2 dB OSNR 的余量下，12 小时没有出现误码(图 5-1-24)。

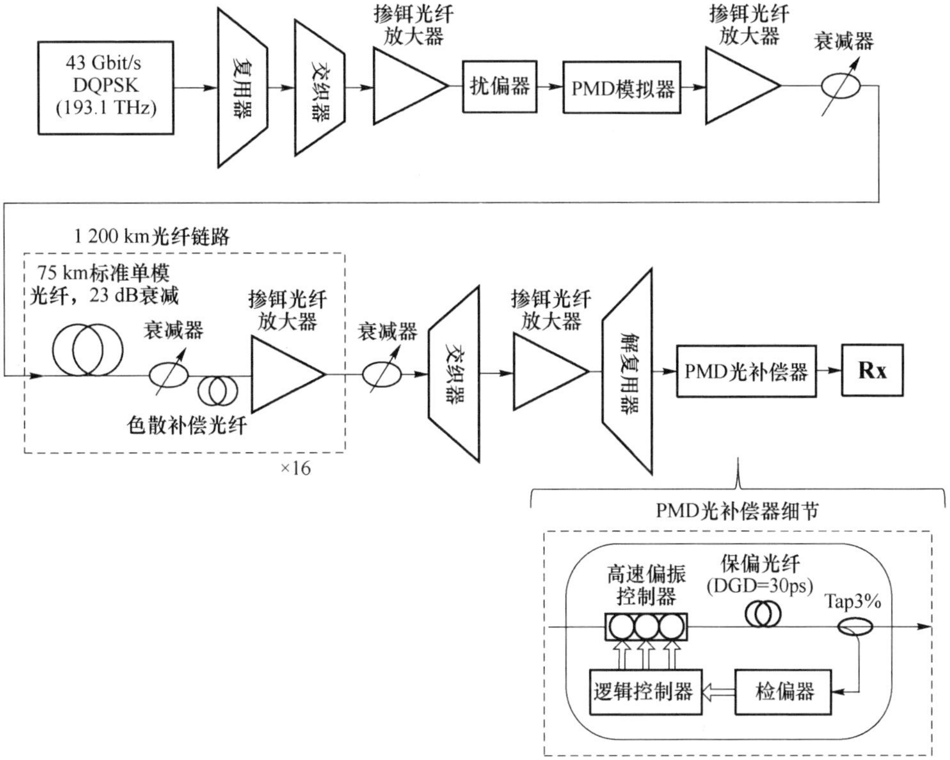

(a) 40×43 Gbit/s DWDM RZ-DQPSK 1200 km测试平台框图，以及PMD补偿样机的具体结构

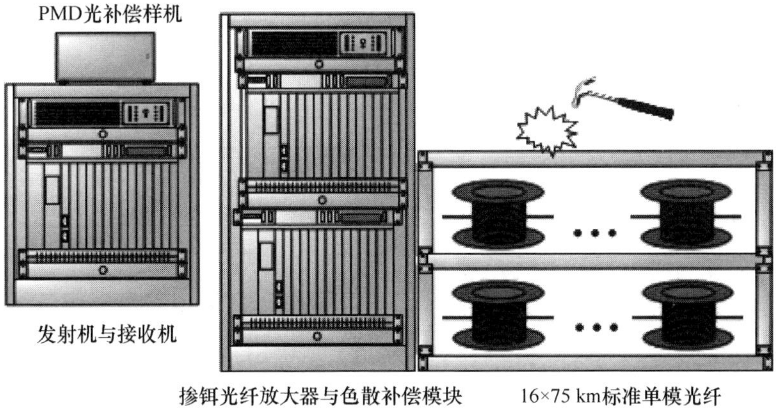

(b) 测试平台的实体分布

图 5-1-20 北邮-华为 PMD 补偿样机的结构与 40×43 Gbit/s DWDM RZ-DQPSK 1 200 km 测试平台

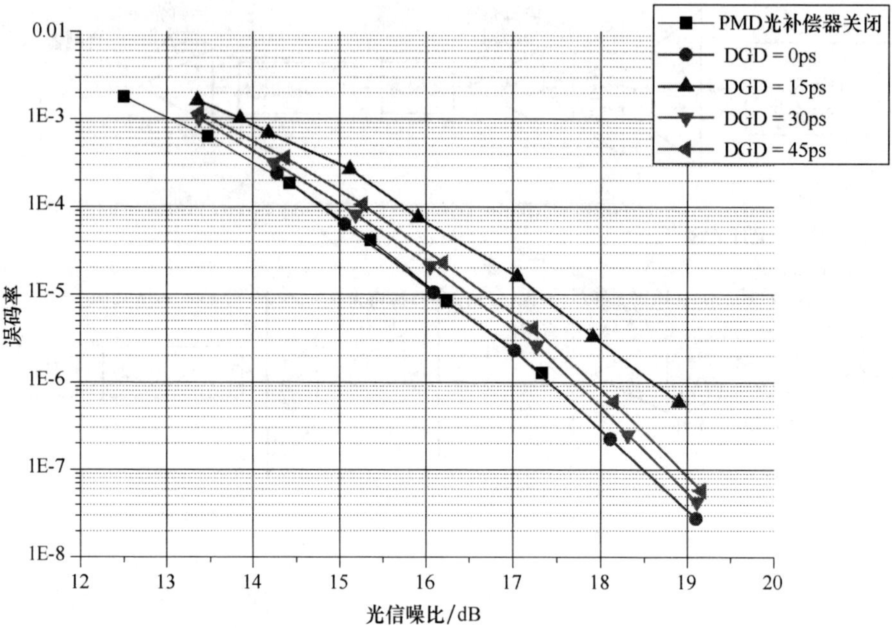

图 5-1-21　PMD 补偿样机的背靠背性能表现

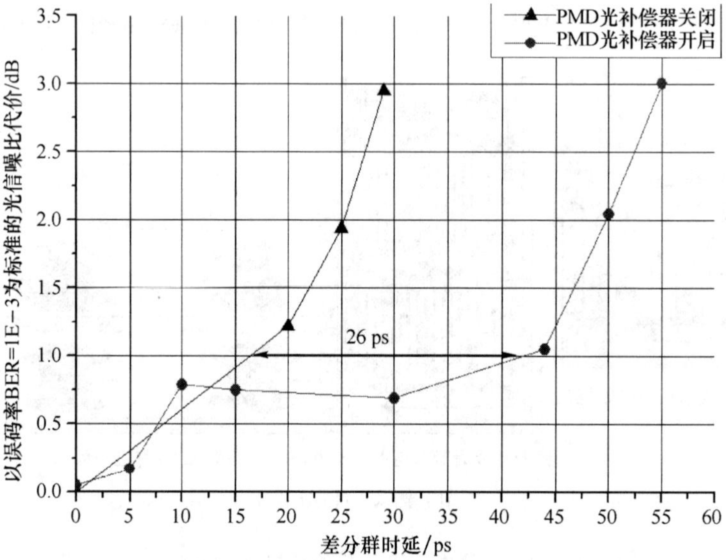

图 5-1-22　使用 PMD 补偿样机前后，系统可以容忍的 DGD 范围

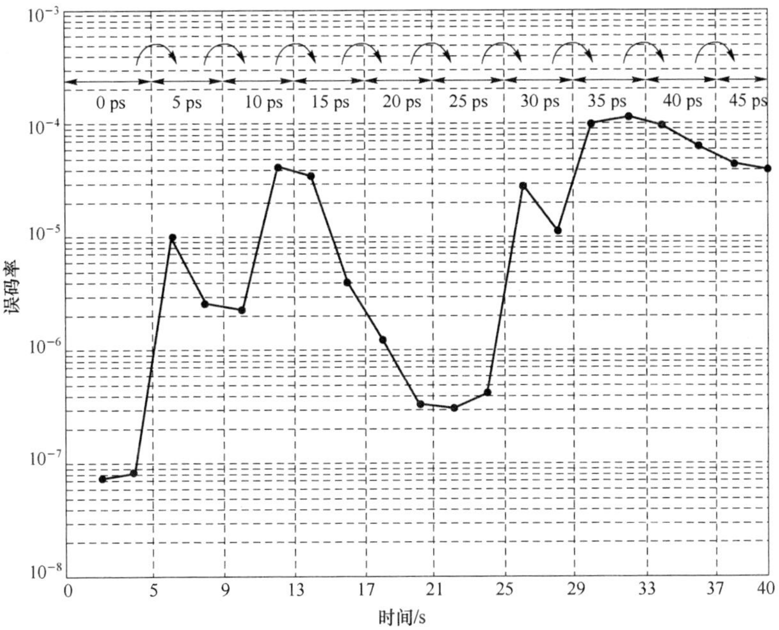

图 5-1-23　补偿样机对于 DGD 跳变的适应性

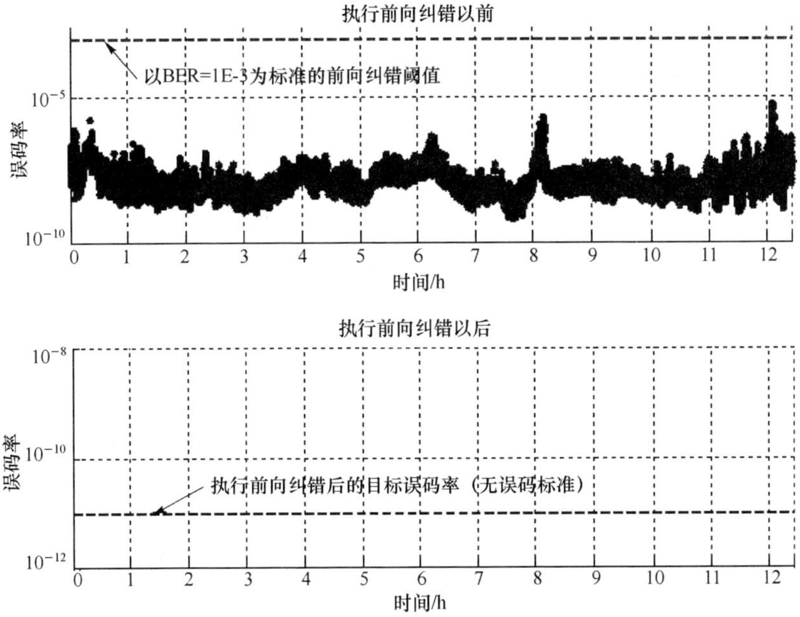

图 5-1-24　在 40×43 Gbit/s DWDM RZ-DQPSK 1 200 km 测试平台上，扰偏器产生 85 rad/s 的偏振态不间断变化，补偿样机在 2 dB OSNR 余量下性能表现(12 小时无误码)

5.2 相干检测光纤通信系统中偏振模色散的补偿技术

5.2.1 相干接收系统中偏振效应均衡方法

相干检测光纤通信系统是近年来骨干网光纤通信的主要系统，是波分复用光纤通信系统从单波长 10 Gbit/s 升级到单波长 100 Gbit/s 普遍采用的系统。利用相干接收技术，一方面可以提高接收灵敏度，另一方面还可以将光场的幅度、相位和偏振的信息提取出来，并转换到电的数字域，再用数字信号处理技术(DSP)来对信号在光纤链路中受到的损伤进行数字均衡或补偿。对于不同的调制格式，相干检测系统接收机的硬件架构基本相同，只是在处理不同调制格式时相应的均衡算法、恢复算法和解调算法不同，因此相干接收系统可以适用于任意调制格式信号的接收，可以说是一种软件定义的接收架构，因此得到广泛应用。

相干接收机的架构如图 5-2-1 所示。光信号经过偏振分束器(Polarization Beam Splitter，PBS)，可以预先被粗略地进行 x、y 偏振分离，再经过光学 90°角混频器和平衡探测器分别得到 x、y 分量的实部和虚部的电信号 I_x、Q_x 和 I_y、Q_y，然后经 ADC 进行量化变成数字信号 $x_{in}(n)$ 和 $y_{in}(n)$，最后输入到 DSP 模块中进行各种数字均衡。

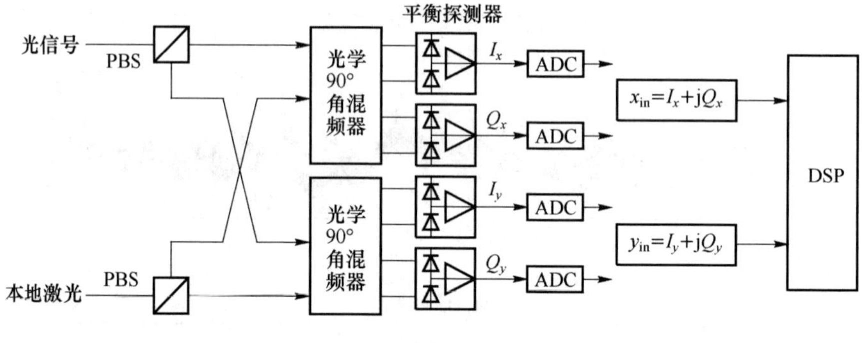

图 5-2-1 相干接收机架构

在 DSP 中专门为偏振效应的均衡设计有模块，它是一个二端输入(x_{in} 和 y_{in})和二端输出的模块(x_{out} 和 y_{out})，与所谓的 MIMO 处理系统(多输入多输出)十分相似。MIMO 系统是无线通信 4G 系统里的重要技术之一，4G 的无线通信系统用到多天线发射和多天线接收。如图 5-2-2(a)所示，是无线通信的一个两发两收系统，发射天线与接收天线都是两个。这样，接收天线 1 不仅接收发射天线 1 的信号，同时也收到发射天线 2 的信号，接收天线 2 的情况类似。则在接收机中如何将接收到的两路信号完全分开尤为重要，即第一路信号只能包含发射天线 1 发出的信号，不能混有发射天线 2 的信号，对第二路信号的要求也一样。如果发射天线 1 和 2 发射的信号分别

为 S_1 和 S_2，接收天线 1 和 2 接收到的信号 R_1 和 R_2 与 S_1 和 S_2 之间由一个 $\boldsymbol{M}$ 矩阵联系

$$\begin{pmatrix} R_1 \\ R_2 \end{pmatrix} = \begin{pmatrix} m_{11} & m_{12} \\ m_{21} & m_{22} \end{pmatrix} \begin{pmatrix} S_1 \\ S_2 \end{pmatrix} \tag{5-2-1}$$

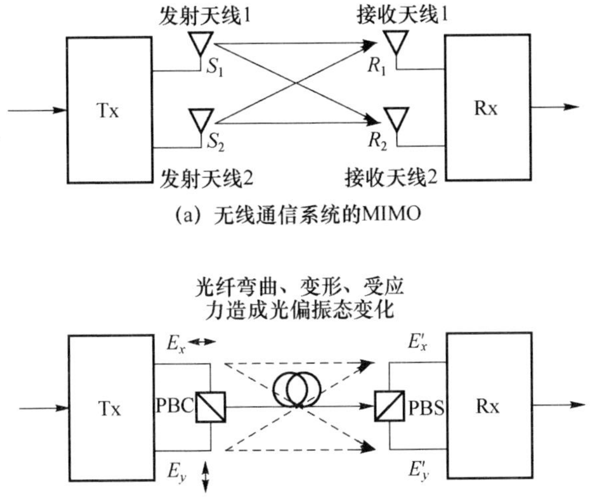

(a) 无线通信系统的MIMO

(b) 偏分复用光纤通信系统中的MIMO

图 5-2-2 偏振效应均衡与无线通信 MIMO 技术的类比

MIMO 技术寻求 $\boldsymbol{M}$ 矩阵的逆矩阵 $\boldsymbol{M}^{-1}$ 还原信号 S_1 和 S_2。

偏分复用光纤通信系统与上述无线通信系统十分相似。如图 5-2-2(b)所示，发射端的两个偏振态信号 E_x 和 E_y 经过偏振合束器（Polarization Beam Combiner，PBC）耦合到一根光纤中，经过光纤传输到接收端，通过偏振分束器（PBS）分开成两路信号 E'_x 和 E'_y。由于光纤中存在的弯曲、变形、以及受应力影响，输入的两个正交线偏振态 E_x 和 E_y 经光纤传输后会发生很大变化，且这种变化是时变的，仅用 PBS 很难将两个偏振态分离。偏振态在光纤中传输时发生的变化可以用一个琼斯矩阵 $\boldsymbol{J}$ 来表示

$$\begin{pmatrix} E'_x \\ E'_y \end{pmatrix} = L \begin{pmatrix} J_{xx} & J_{xy} \\ J_{yx} & J_{yy} \end{pmatrix} \begin{pmatrix} E_x \\ E_y \end{pmatrix} \tag{5-2-2}$$

其中，L 表示光信号在光纤中的损耗或者放大。

偏振效应均衡等价于寻找 J 矩阵的逆矩阵，以还原两个偏振态信号 E_x 和 E_y。其中可以形成光信号损伤的偏振效应有：偏振态旋转（RSOP）造成的偏振混叠、偏振模色散（PMD）和偏振相关损耗（PDL）。下面将介绍在 DSP 模块中解决偏振效应损伤的几种典型的均衡算法。

5.2.2 恒模算法和判决导引最小均方算法

在介绍相干接收机 DSP 单元中偏振效应均衡算法之前，先简要介绍一下 DSP 单元中各个均衡、补偿和解码模块。如图 5-2-3 所示是一个典型偏分复用系统 DSP 单元流程图，它给出了图 5-2-1 中 DSP 的具体组成部分。

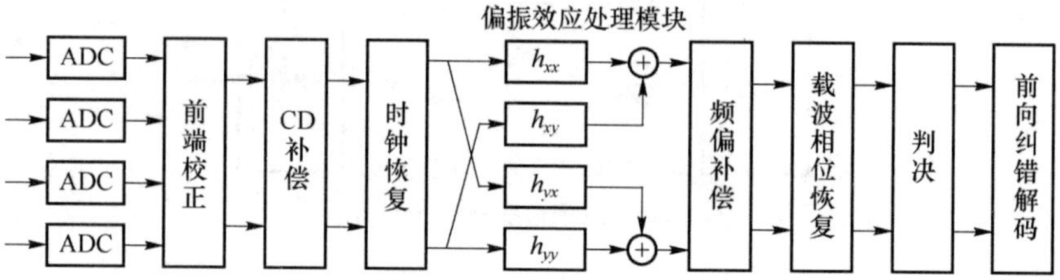

图 5-2-3 数字信号处理单元内的流程图

经 ADC 出来的信号组成两路 x 偏振和 y 偏振的复数信号分别经过前端校正、色度色散(Chromatic Dispersion，CD)补偿、时钟恢复，然后进入偏振效应处理模块进行偏分解复用和偏振效应均衡，随后进行频偏补偿、载波相位恢复、判决以及前向纠错解码。其中前端校正解决由于前端器件不对称和不匹配造成的幅度及相位失配，并将信号归一化。色散补偿模块对光纤信道中信号受到的色度色散的损伤进行补偿。所谓频偏是由于发射激光器与本地激光器频率偏差，可以造成信号在复平面上随时间旋转，需要进行频偏估计及补偿。由于激光器都有一定的线宽，激光器线宽在时域上等效于一个随机相位起伏或相位噪声，需要进行载波相位估计和补偿，这就是载波相位恢复模块的功能。

如前所述，光信号在光纤中受到的偏振效应包括偏振态旋转造成的偏振混叠、偏振模色散以及偏振相关损耗造成的信号损伤。偏振效应处理模块需要解决的问题是偏分解复用、偏振模色散补偿以及偏振相关损耗补偿。偏振效应处理实际上是一个 MIMO 均衡器，在 DSP 中以一个蝶形滤波器加以实现(如图 5-2-3 所示)，具体均衡算法主要有恒模算法(Constant Modulus Algorithm, CMA)[24]、独立成分分析算法(Independent Component Analysis, ICA)[25,26]以及判决导引最小均方算法(Decision-Directed Least-Mean Square, DD-LMS)[27]等。其中 CMA 算法最常用，因此这里重点介绍 CMA 算法。

如前所述，偏振效应均衡等价于寻找 $\boldsymbol{J}$ 矩阵的逆矩阵，设这个逆矩阵用下面的 $\boldsymbol{H}$ 矩阵表示，其矩阵元就是图 5-2-3 中蝶形滤波器的系数 h_{xx}、h_{xy}、h_{yx} 和 h_{yy}。

$$\boldsymbol{H}=\boldsymbol{J}^{-1}=\begin{pmatrix} h_{xx} & h_{xy} \\ h_{yx} & h_{yy} \end{pmatrix} \tag{5-2-3}$$

更细致地说，图 5-2-3 所示的蝶形均衡器实际上包含 4 个有限冲击响应(Finite Impulse Response，FIR)滤波器，假定抽头数为 N，其结构如图 5-2-4 所示。

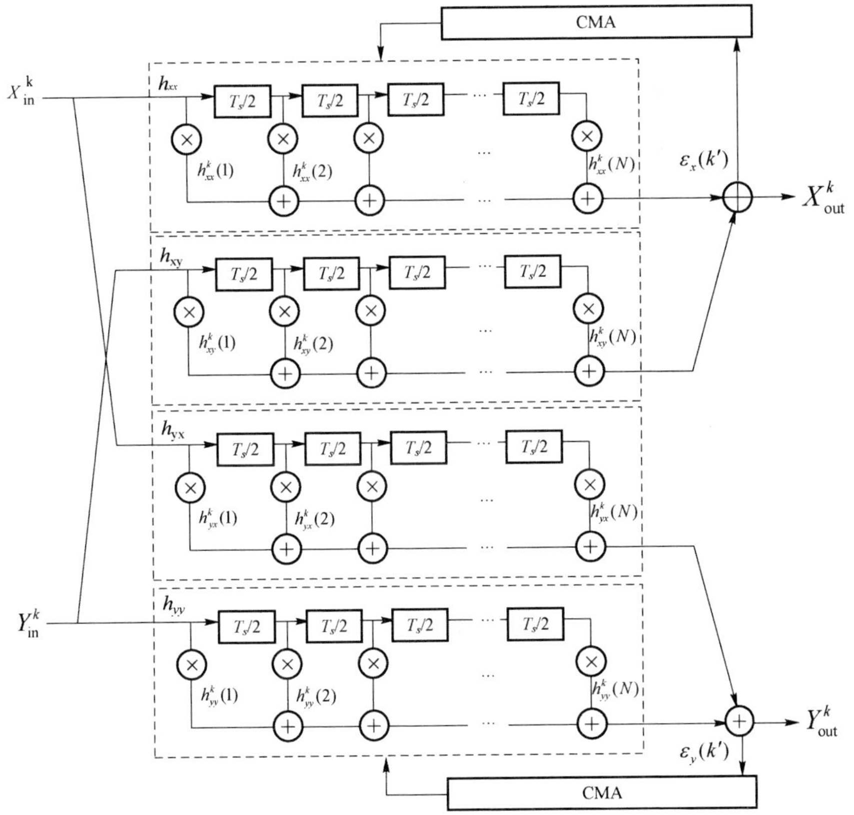

图 5-2-4 蝶形 FIR 滤波器结构图

设输入蝶形滤波器的归一化 x、y 偏振符号分别为 X_{in}^k 和 Y_{in}^k，经过 N 个抽头的 2×2 MIMO 均衡，输出的第 k 个均衡后的符号表示为

$$\begin{cases} X_{out}(k)=h_{xx}^k X_{in}^k + h_{xy}^k Y_{in}^k \\ Y_{out}(k)=h_{yx}^k X_{in}^k + h_{yy}^k Y_{in}^k \end{cases} \tag{5-2-4}$$

其中，$h_{ij}^k(i,j=x,y)$ 是式(5-2-3)$\boldsymbol{H}$ 矩阵的 4 个矩阵元，每个 h 是长度为 N 的 FIR 滤波器的抽头系数。式(5-2-4)中各个量具体含义是

$$\begin{cases} X_{in}^k=(X_{in}(k),X_{in}(k-1),\cdots,X_{in}(k-N+1))^{\mathrm{T}} \\ Y_{in}^k=(Y_{in}(k),Y_{in}(k-1),\cdots,Y_{in}(k-N+1))^{\mathrm{T}} \\ h_{xx}^k=(h_{xx}^k(1),h_{xx}^k(2),\cdots,h_{xx}^k(N)) \\ h_{xy}^k=(h_{xy}^k(1),h_{xy}^k(2),\cdots,h_{xy}^k(N)) \\ h_{yx}^k=(h_{yx}^k(1),h_{yx}^k(2),\cdots,h_{yx}^k(N)) \\ h_{yy}^k=(h_{yy}^k(1),h_{yy}^k(2),\cdots,h_{yy}^k(N)) \end{cases} \tag{5-2-5}$$

基于最速下降法，其抽头系数的更新如下：(这里只以 h_{xx} 的更新为例)

$$h_{xx}^{k+1}=h_{xx}^{k}-\mu\nabla_{h_{xx}}G=h_{xx}^{k}-\frac{\mu}{2}\frac{\partial}{\partial h_{xx}^{k}}G \tag{5-2-6}$$

其中，μ 是更新步长，复数微商定义为

$$\frac{\partial}{\partial h}=\frac{\partial}{\partial \mathrm{Re}\{h\}}+\mathrm{j}\frac{\partial}{\partial \mathrm{Im}\{h\}} \tag{5-2-7}$$

G 是与均衡器收敛准则相关的误差函数。对于恒模准则的误差函数，即 CMA 的误差函数为

$$G_{\mathrm{CMA}}=E[(R^2-|A_{\mathrm{out}}^{k}|^2)^2] \tag{5-2-8}$$

其中，A_{out}^{k} 代表 x、y 偏振的 X_{out}^{k} 和 Y_{out}^{k}，E 代表求期望值，R^2 为接收的 QAM 星座点的归一化平均功率，对于 QPSK 调制格式信号 R^2 为 1。在动态均衡器的迭代收敛过程中，一般使用瞬时误差函数值而不是期望值，因此式(5-2-8)的 CMA 误差函数改写为

$$\begin{cases}\varepsilon_x^2=(R^2-|X_{\mathrm{out}}(k')|^2)^2\\ \varepsilon_y^2=(R^2-|Y_{\mathrm{out}}(k')|^2)^2\end{cases} \tag{5-2-9}$$

实际上，在更新中，并不是每次更新误差函数都要变。一般每隔两个符号，误差函数更新一次，其中 k' 是选定更新的符号顺序数。则更新式(5-2-6)变为

$$\begin{cases}h_{xx}^{k+1}=h_{xx}^{k}+\mu\varepsilon_x(k')X_{\mathrm{out}}(k)(X_{\mathrm{in}}^{k})^*\\ h_{xy}^{k+1}=h_{xy}^{k}+\mu\varepsilon_x(k')X_{\mathrm{out}}(k)(Y_{\mathrm{in}}^{k})^*\\ h_{yx}^{k+1}=h_{yx}^{k}+\mu\varepsilon_y(k')Y_{\mathrm{out}}(k)(X_{\mathrm{in}}^{k})^*\\ h_{yy}^{k+1}=h_{yy}^{k}+\mu\varepsilon_y(k')Y_{\mathrm{out}}(k)(Y_{\mathrm{in}}^{k})^*\end{cases} \tag{5-2-10}$$

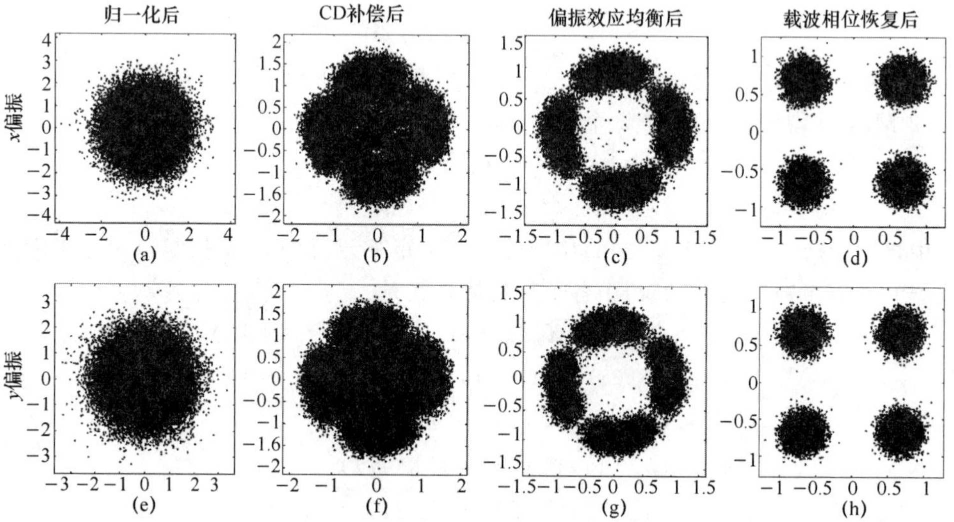

图 5-2-5 接收信号为 QPSK 格式分别经过归一化、CD 补偿、偏振效应均衡、载波相位恢复以后的星座图

由于 QPSK 信号具有常模特性，因此利用 CMA 算法处理 QPSK 信号的偏振效应的均衡，可以获得很好的效果。图 5-2-5 显示了偏分复用的 QPSK 信号分别经过 DSP 单元归一化、CD 补偿、偏振效应均衡、载波相位恢复各模块以后的星座图，其中第一行为 x 偏振，第二行为 y 偏振，偏振效应均衡所用的是 CMA 算法。可以看出 CMA 算法很好地解决了偏分解复用等偏振效应损伤，最后得到清晰的 x、y 偏振的 QPSK 星座图。但是对于高阶调制格式信号，如 16QAM 信号，其不同星座点会有不同的模值，通常会用 CMA 的扩展算法——多模算法(Multi-Modulus Algorithm, MMA)进行处理。MMA 算法与 CMA 算法的不同在于误差函数的选取：

$$\begin{cases}\varepsilon_x^2=(R_d^2-|X_{\text{out}}(k')|^2)^2\\ \varepsilon_y^2=(R_d^2-|Y_{\text{out}}(k')|^2)^2\end{cases} \tag{5-2-11}$$

其中，R_d 对应 16QAM 的多个模值，归一化后 R_d 满足：

$$R_d^2=\begin{cases}0.2, & r<\sqrt{0.6}\\ 1.0, & \sqrt{0.6}\leqslant r<\sqrt{1.4}\\ 1.8, & r>\sqrt{1.4}\end{cases} \tag{5-2-12}$$

图 5-2-6 显示了偏分复用的 16QAM 信号分别经过 DSP 单元归一化、CD 补偿、偏振效应均衡、载波相位恢复各模块以后的星座图，其中第一行为 x 偏振，第二行为 y 偏振，偏振效应均衡所用的是 CMA 的扩展算法——MMA 算法。可见 CMA-MMA 对于 16QAM 格式信号也很有效，得到清晰的星座图。

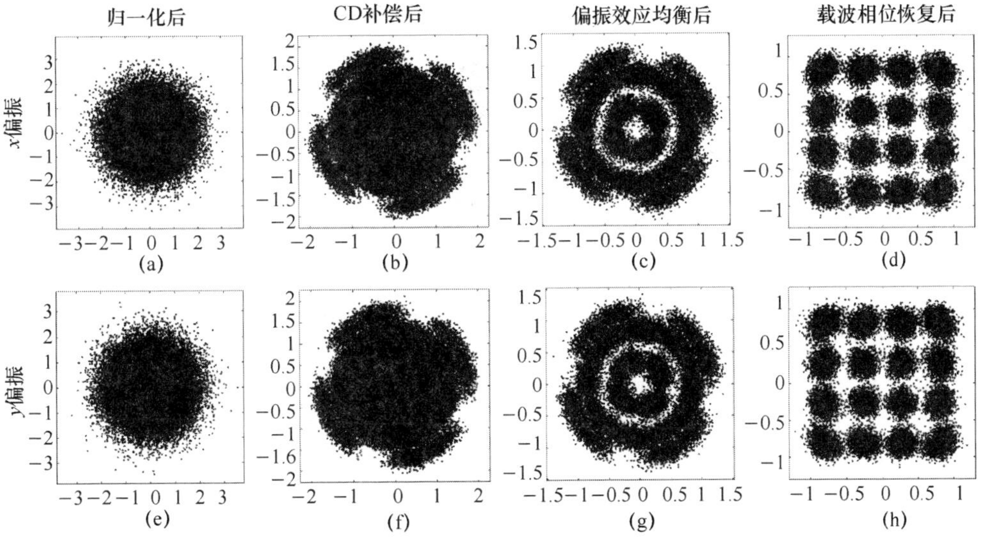

图 5-2-6　接收信号为 16QAM 格式分别经过归一化、CD 补偿、偏振效应均衡、载波相位恢复以后的星座图

下面简单介绍判决导引最小均方算法(DD-LMS)。其误差目标函数选为

$$\begin{cases}\varepsilon_x^2=[x_0-X_{\text{out}}(k')]^2\\ \varepsilon_y^2=[y_0-Y_{\text{out}}(k')]^2\end{cases}\tag{5-2-13}$$

其中,x_0、y_0为载波相位恢复以后判决的 x、y 偏振分量的目标星座点坐标(复数),即目标信号。DD-LMS 算法可以进一步改善偏振效应均衡效果,但是由于在运行偏振效应均衡模块之后,在判决反馈之间还有频偏估计和载波相位恢复需要运行,会引入较大的反馈时延,当光纤链路中偏振旋转效应随时间变化非常快时,这样大的反馈时延会引起很大问题,均衡过程跟不上偏振旋转的变化。

对于 DD-LMS 算法,其更新公式为

$$\begin{cases}h_{xx}^{k+1}=h_{xx}^{k}+\mu\varepsilon_x X_{\text{in}}^{k}\\ h_{xy}^{k+1}=h_{xy}^{k}+\mu\varepsilon_x Y_{\text{in}}^{k}\\ h_{yx}^{k+1}=h_{yx}^{k}+\mu\varepsilon_y X_{\text{in}}^{k}\\ h_{yy}^{k+1}=h_{yy}^{k}+\mu\varepsilon_y Y_{\text{in}}^{k}\end{cases}\tag{5-2-14}$$

5.2.3 基于斯托克斯空间的偏振效应均衡算法[28]

高阶调制信号可以在琼斯空间进行处理,也可以将星座点映射到斯托克斯空间去处理。由于斯托克斯空间是研究偏振效应的非常直观的空间,因此利用斯托克斯空间研究偏振效应均衡非常有效。

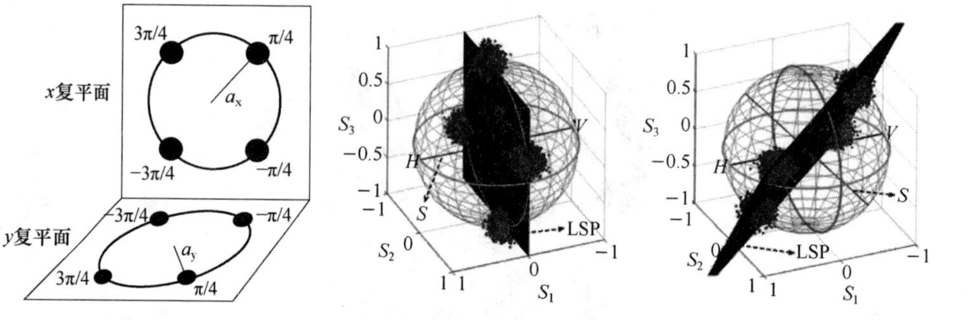

(a) 偏分复用的QPSK信号在x、y偏振复平面内的星座点 (b) 映射到斯托克斯空间的星座点 (c) 有偏振旋转的斯托克斯空间星座点

图 5-2-7

在琼斯空间中,高阶调制信号矢量可以表示成

$$|\boldsymbol{E}\rangle=\frac{1}{\sqrt{2}}\begin{pmatrix}e_x\\ e_y\end{pmatrix}=\frac{1}{\sqrt{2}}\begin{pmatrix}a_x\exp(\mathrm{j}\varphi_x)\\ a_y\exp(\mathrm{j}\varphi_y)\end{pmatrix}\tag{5-2-15}$$

其中,a_x和a_y是x、y偏振的振幅,φ_x和φ_y是相位。对于 QPSK 信号,φ_x和φ_y分别取$\pi/4$、$-\pi/4$、$3\pi/4$、$-3\pi/4$,如图 5-2-7(a)所示。如果映射到斯托克斯空间,转换公式为

$$\boldsymbol{S}=\begin{pmatrix}S_0\\S_1\\S_2\\S_3\end{pmatrix}=\frac{1}{2}\begin{pmatrix}e_xe_x^*+e_ye_y^*\\e_xe_x^*-e_ye_y^*\\e_x^*e_y+e_xe_y^*\\-je_x^*e_y+je_xe_y^*\end{pmatrix}=\frac{1}{2}\begin{pmatrix}a_x^2+a_y^2\\a_x^2-a_y^2\\2a_xa_y\cos\Delta\varphi\\2a_xa_y\sin\Delta\varphi\end{pmatrix}\tag{5-2-16}$$

其中，$\Delta\varphi=\varphi_y-\varphi_x$。对于 QPSK 信号，$\Delta\varphi$ 取$\pm\pi/2$ 和$\pm\pi$。在光强没有损耗的情况下，$(S_1, S_2, S_3)^T$形成斯托克斯空间的一系列星座点。如果偏分解复用完成以后，对于 QPSK 信号，$a_x=a_y$，$S_1\propto a_x^2-a_y^2=0$，其在斯托克斯空间形成的星座点位于 S_2-S_3平面，该平面的法线指向 S_1轴（法线与庞加莱球交汇在水平线偏振 H 点），如图 5-2-7(b)所示。如果没有进行偏分解复用，由于偏振旋转的作用，其星座点组成的平面不再是 S_2-S_3平面，而是旋转了一个角度，但是保持整体形状不变。

这样偏分解复用变为求一个旋转矩阵，使星座点所在平面旋转到 S_2-S_3平面

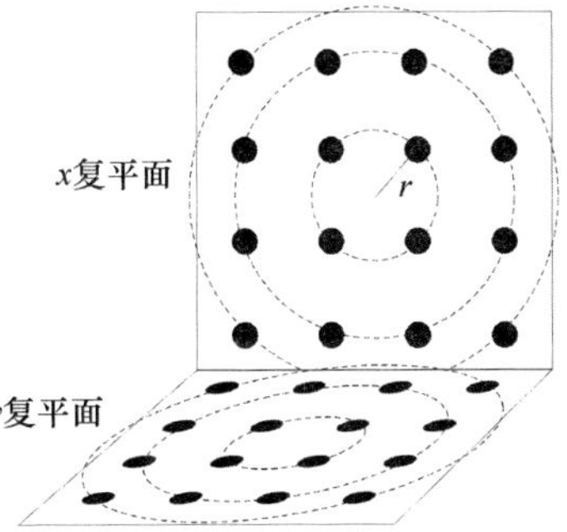

(a) 偏分复用16QAM信号在x、y偏振复平面内的星座点

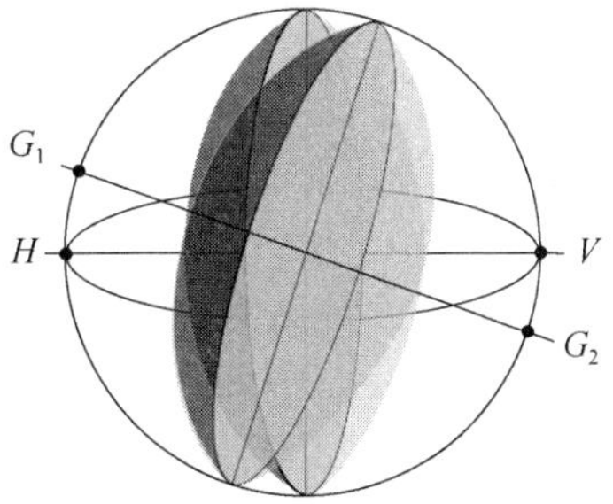

(b) 映射到斯托克斯空间，星座点更加密集，所有星座点整体构成一个垂直于S_1轴的对称圆盘形状，其两个对称面法线方向为水平线偏振H与垂直线偏振V；经过偏振旋转后，对称圆盘整体旋转了，其两个对称面法线也由H与V转到G_1和G_2

图 5-2-8

对于偏分复用 16QAM 信号，乃至更高阶的调制信号，其复平面内的星座点分布在不同半径 r_m 的圆环上（对于 16QAM 信号，所有星座点位于半径比值为 $1:\sqrt{5}:\sqrt{9}$的三个圆环上），其在琼斯空间表示成

$$|\boldsymbol{E}\rangle=\frac{1}{\sqrt{2}}\begin{pmatrix}e_x\\e_y\end{pmatrix}=\frac{1}{\sqrt{2}}\begin{pmatrix}r_m\exp(j\varphi_x)\\r_n\exp(j\varphi_y)\end{pmatrix}\tag{5-2-17}$$

则在斯托克斯空间映射为

$$\boldsymbol{S}=\begin{pmatrix}S_0\\S_1\\S_2\\S_3\end{pmatrix}=\frac{1}{2}\begin{pmatrix}r_m^2+r_n^2\\r_m^2-r_n^2\\2r_mr_n\cos\Delta\varphi\\2r_mr_n\sin\Delta\varphi\end{pmatrix}\tag{5-2-18}$$

其中，

$$S_1 \propto r_m^2 - r_n^2 \begin{cases} =0, & r_m = r_n \\ >0, & r_m > r_n \\ <0, & r_m < r_n \end{cases} \tag{5-2-19}$$

即，如果琼斯空间中星座点在 x、y 复平面处于同一半径上，其斯托克斯空间星座点位于 S_2-S_3 平面。否则处于该平面靠 S_1 轴正向一侧（$r_m > r_n$）或者负向一侧（$r_m < r_n$），并且是对称分布的。因此所有星座点整体构成一个垂直于 S_1 轴的对称圆饼状。

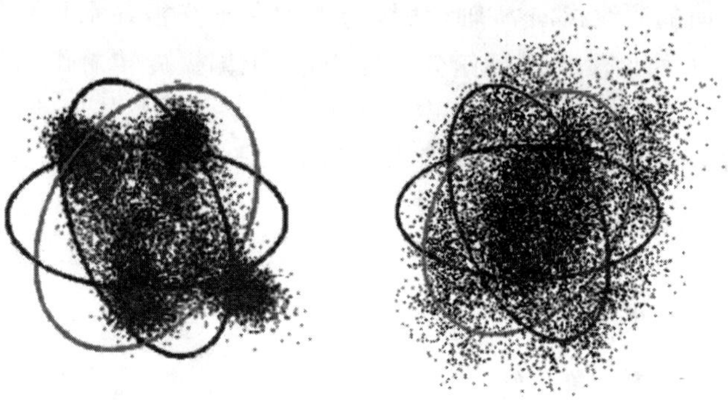

(a) 只有偏振旋转作用下的星座点　　(b) 叠加上偏振模色散以后，星座点散得更开

图 5-2-9

从上面的分析可见，偏振旋转造成斯托克斯空间里星座点的整体旋转。再叠加上偏振模色散以后，星座点在原来的位置上散得更开，如图 5-2-9 所示。

基于上述理论，2010 年安捷伦的 Szafranies 等人提出了基于斯托克斯空间的偏分解复用方法[28]，其思路为：当 x、y 偏振复平面中所有星座点映射到斯托克斯空间后，这些星座点整体构成一个对称圆饼形状。这个圆饼的对称面可以由最小二乘法等拟合出来（也可以用其他数学方法），并找到对称面法线与庞加莱球的两个交点 G_1 和 G_2，假如其坐标为 $\pm(S_1,\ S_2,\ S_3)^{\mathrm{T}}$。如果将两点旋转到庞加莱球的水平和垂直偏振的 H 和 V 点，如图 5-2-8(b)所示，则圆饼对称面将旋转到 S_2-S_3 平面，圆饼形状中的所有星座点也将同时旋转到位，相应地，在琼斯空间中，两个偏振将完全解复用。

下面，建立上述过程的变换关系。假设发射端的两个正交偏振态 $(1,\ 0)^{\mathrm{T}}$ 和 $(0,\ 1)^{\mathrm{T}}$，在光纤中经过偏振旋转分别变为 $|\boldsymbol{g}_1\rangle$ 和 $|\boldsymbol{g}_2\rangle$ 两个偏振态，它们之间也是正交的，变换如下：

$$\begin{aligned} |\boldsymbol{g}_1\rangle &= \begin{pmatrix} \mathrm{e}^{-\mathrm{j}\delta/2} & 0 \\ 0 & \mathrm{e}^{\mathrm{j}\delta/2} \end{pmatrix} \begin{pmatrix} \cos\alpha & -\sin\alpha \\ \sin\alpha & \cos\alpha \end{pmatrix} \begin{pmatrix} 1 \\ 0 \end{pmatrix} \\ &= \begin{pmatrix} \cos\alpha\mathrm{e}^{-\mathrm{j}\delta/2} & -\sin\alpha\mathrm{e}^{-\mathrm{j}\delta/2} \\ \sin\alpha\mathrm{e}^{\mathrm{j}\delta/2} & \cos\alpha\mathrm{e}^{\mathrm{j}\delta/2} \end{pmatrix} \begin{pmatrix} 1 \\ 0 \end{pmatrix} \\ &= \begin{pmatrix} \cos\alpha\mathrm{e}^{-\mathrm{j}\delta/2} \\ \sin\alpha\mathrm{e}^{\mathrm{j}\delta/2} \end{pmatrix} \end{aligned} \tag{5-2-20}$$

$$|\boldsymbol{g}_2\rangle=\begin{pmatrix}\cos\alpha e^{-j\delta/2} & -\sin\alpha e^{-j\delta/2}\\ \sin\alpha e^{j\delta/2} & \cos\alpha e^{j\delta/2}\end{pmatrix}\begin{pmatrix}0\\1\end{pmatrix}=\begin{pmatrix}-\sin\alpha e^{-j\delta/2}\\ \cos\alpha e^{j\delta/2}\end{pmatrix} \tag{5-2-21}$$

其中,角 α 与第 2 章图 2-1-1 意义相同,其正切为 y、x 方向的振幅比。而 δ 是 y 偏振相对于 x 偏振的相位差。从 $(1,\ 0)^{\mathrm{T}}$ 和 $(0,\ 1)^{\mathrm{T}}$ 到 $|\boldsymbol{g}_1\rangle$ 和 $|\boldsymbol{g}_2\rangle$ 的变换矩阵为

$$\boldsymbol{J}_{\mathrm{SOP}}=\begin{pmatrix}\cos\alpha e^{-j\delta/2} & -\sin\alpha e^{-j\delta/2}\\ \sin\alpha e^{j\delta/2} & \cos\alpha e^{j\delta/2}\end{pmatrix} \tag{5-2-22}$$

逆矩阵为

$$\boldsymbol{J}_{\mathrm{SOP}}^{-1}=\begin{pmatrix}\cos\alpha e^{j\delta/2} & \sin\alpha e^{-j\delta/2}\\ -\sin\alpha e^{j\delta/2} & \cos\alpha e^{-j\delta/2}\end{pmatrix} \tag{5-2-23}$$

从斯托克斯空间求得 $\boldsymbol{G}_1$ 和 $\boldsymbol{G}_2$ 的坐标 $\pm(S_1,\ S_2,\ S_3)^{\mathrm{T}}$ 后,可以由下式求得 α 和 δ(参看第 2 章图 2-3-3 中的可视偏振态球):

$$\begin{cases}\alpha=\dfrac{1}{2}\arccos\left(\dfrac{S_1}{S_0}\right), & 0^\circ\leqslant\alpha\leqslant 90^\circ\\ \delta=\arctan\left(\dfrac{S_3}{S_2}\right), & 0\leqslant\delta<2\pi\end{cases} \tag{5-2-24}$$

根据上述理论,偏分解复用的步骤如下:

(1) 将 x、y 偏振复平面中的所有星座点映射到斯托克斯空间。

(2) 利用最小二乘等拟合方法,求所有星座点组成的圆饼形的对称平面。

(3) 求得这个对称平面的法线在庞加莱球上的两个端点 G_1 与 G_2 的斯托克斯坐标 $\pm(S_1,\ S_2,\ S_3)^{\mathrm{T}}$。

(4) 利用式(5-2-24),求得振幅比角 α 和相位差 δ,再由式(5-2-23)求逆矩阵 $\boldsymbol{J}_{\mathrm{SOP}}^{-1}$。

(5) 利用逆矩阵 $\boldsymbol{J}_{\mathrm{SOP}}^{-1}$ 反变换偏振态 $|\boldsymbol{g}_1\rangle$ 和 $|\boldsymbol{g}_2\rangle$,得到原始的正交偏振态。

值得注意的是,上述基于斯托克斯空间的偏振效应均衡算法求得的逆矩阵 $\boldsymbol{J}_{\mathrm{SOP}}^{-1}$ 与频率无关。然而由于偏振模色散的影响,光纤中的偏振态在庞加莱球上会围绕着双折射轴旋转变化。偏振模色散越大,影响越大。解决方案是可以将计算所得 $\boldsymbol{J}_{\mathrm{SOP}}^{-1}$ 的矩阵元作为蝶形均衡器的初始化系数 h_{xx}、h_{xy}、h_{yx} 和 h_{yy},然后利用恒模算法或者判决导引最小均方算法解决偏振效应均衡问题[29]。

下面介绍如何在斯托克斯空间解决偏振相关损耗的均衡问题[30]。偏振相关损耗 PDL 的作用等价于下面的矩阵

$$\boldsymbol{J}_{\mathrm{PDL}}(\rho)=\begin{pmatrix}\sqrt{1-\rho} & 0\\ 0 & \sqrt{1+\rho}\end{pmatrix} \tag{5-2-25}$$

其中，$0<\rho<1$ 是 PDL 参量，相应的偏振相关损耗为

$$\Gamma_{\mathrm{dB}}=10\lg\left(\frac{1+\rho}{1-\rho}\right) \tag{5-2-26}$$

首先考察只有 PDL 作用，而没有偏振旋转时，信号在斯托克斯空间如何变化。以偏分复用的 QPSK 信号为例，输入信号为 $|\boldsymbol{E}_{\mathrm{in}}\rangle=(a_x, a_y\mathrm{e}^{\mathrm{j}\varphi_{km}})^{\mathrm{T}}, k, m=1, 2, 3, 4$，输出信号为

$$|\boldsymbol{E}_{\mathrm{out}}\rangle=\boldsymbol{J}_{\mathrm{PDL}}(\rho)|\boldsymbol{E}_{\mathrm{in}}\rangle=\begin{pmatrix} a_x\sqrt{1-\rho} \\ a_y\sqrt{1+\rho}\mathrm{e}^{\mathrm{j}\varphi_{km}} \end{pmatrix} \tag{5-2-27}$$

这样，在斯托克斯空间各个星座点的坐标为

$$\begin{cases} S_{0,km}=2a_{xy}^2 \\ S_{1,km}=-2\rho a_{xy}^2 \\ S_{2,km}=2a_{xy}^2\sqrt{1-\rho}\sqrt{1+\rho}\cos(\varphi_{km}) \\ S_{3,km}=2a_{xy}^2\sqrt{1-\rho}\sqrt{1+\rho}\sin(\varphi_{km}) \end{cases} \tag{5-2-28}$$

其中，$a_{xy}^2=a_xa_y$。

如果我们对各个斯托克斯分量求平均 $\langle S_{i,km}\rangle=(1/16)\sum_{k=1}^{4}\sum_{m=1}^{4}S_{i,km}, i=1, 2, 3$，则

$$\begin{cases} \langle S_{1,km}\rangle=-2\rho a_{xy}^2=d \\ \langle S_{2,km}\rangle=0 \\ \langle S_{3,km}\rangle=0 \end{cases} \tag{5-2-29}$$

这样，星座点的重心移到 $(S_1, S_2, S_3)=(-2\rho a_{xy}^2, 0, 0)$ 处，且对称平面平行于 S_2-S_3 平面，对称平面的法线方向为 $\hat{\boldsymbol{n}}=(1,0,0)^{\mathrm{T}}$。根据式(5-2-28)，得到估计的 PDL 参量

$$\rho_d=-\frac{d}{2a_{xy}^2} \tag{5-2-30}$$

其中，d 是所有星座点重心的斯托克斯矢量在 S_1 轴上的分量，也可以看成星座点重心离开坐标原点的距离。在琼斯空间中，将偏分复用信号乘以矩阵 $\boldsymbol{J}_{\mathrm{PDL}}(-\rho_d)$，就可以补偿 PDL。

其次考察偏振相关损耗和偏振态旋转(RSOP)同时存在时的 PDL 补偿。如图 5-2-10(c)所示，当 PDL 与 RSOP 共同作用时，星座点的重心离开坐标中心一个 D 的距离，且星座点对称平面不再平行于 S_2-S_3 平面，其法线方向不再是 $\hat{\boldsymbol{n}}=(1,0,0)^{\mathrm{T}}$，而是变化到 $\hat{\boldsymbol{n}}=(S_1, S_2, S_3)^{\mathrm{T}}$。

假定将 N 个采样符号一起处理，先求得它们所有星座点的重心坐标 $(\langle S_{1,km}\rangle, \langle S_{2,km}\rangle, \langle S_{3,km}\rangle)$，其中 $\langle S_{i,km}\rangle=(1/N)\sum_{j}^{N}S_{i,km,j}, i=1,2,3$。这里星座点重心作为位置矢量是 $\boldsymbol{D}=(D_1, D_2, D_3)^{\mathrm{T}}$，其模值

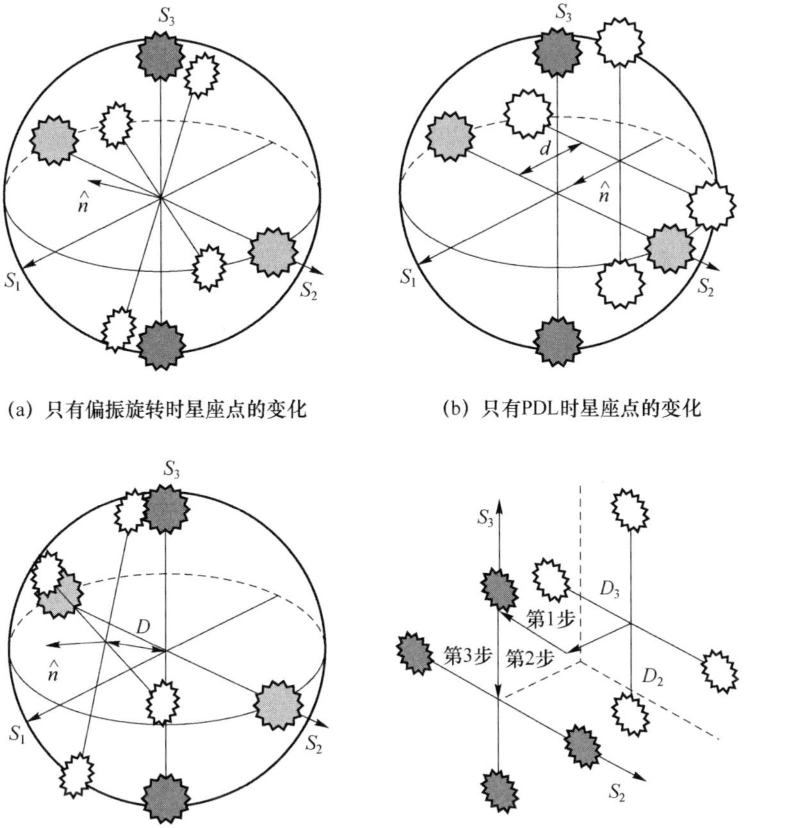

(a) 只有偏振旋转时星座点的变化

(b) 只有PDL时星座点的变化

(c) 既有偏振旋转，又有PDL时星座点的变化

(d) 在(c)的情况下，先进行偏分解复用，随后执行第1步、第2步和第3步补偿PDL

图 5-2-10　PDL 对于斯托克斯空间中星座点的影响

$$D=\sqrt{\langle S_{1,km}\rangle^2+\langle S_{2,km}\rangle^2+\langle S_{3,km}\rangle^2} \tag{5-2-31}$$

此时估计得到的 PDL 值为

$$|\rho_D|=\frac{D}{2a_{xy}^2} \tag{5-2-32}$$

PDL 和 RSOP 同时存在时的均衡方法如下：

(1) 按照式(5-2-23)和式(5-2-24)求矩阵 $\boldsymbol{J}_{\mathrm{SOP}}^{-1}$，进行偏分解复用。

(2) 偏分解复用以后对称平面法线已经转向 $\hat{\boldsymbol{n}}=(1,0,0)^{\mathrm{T}}$，随后在 S_1 轴上平移对称平面到 S_2-S_3 平面，这就相当于图 5-2-10(d)中实施的步骤 1 号，此时对称平面重心位置变化到$(0,D_2,D_3)$。这在琼斯空间相当于乘以 $\boldsymbol{J}_{\mathrm{PDL}}(-\rho_1)$矩阵$(\rho_1=-D_1/2a_{xy}^2)$。

(3) 将星座点整体绕 S_3 轴旋转 $\chi=\pi/2$，对称平面转到了 S_1-S_3 平面。这在琼斯

空间相当于乘以矩阵

$$\boldsymbol{U}_3(\chi)=\begin{pmatrix}\cos\chi/2 & -\sin\chi/2\\ \sin\chi/2 & \cos\chi/2\end{pmatrix} \tag{5-2-33}$$

随后在 S_1 轴上整体平移星座点，使得重心变为 $(0,0,D_3)$，在琼斯空间相当于乘以 $\boldsymbol{J}_{\mathrm{PDL}}(-\rho_2)$ 矩阵 $(\rho_2=-D_2/2a_{xy}^2)$。此时星座点重心位于 S_3 轴上。为了使星座点复原，还要再旋转 $-\pi/2$，使对称平面再次回到 S_2-S_3 平面，相对于在琼斯空间乘以 $\boldsymbol{U}_3(-\pi/2)$。整个过程相当于图 5-2-10(d)中实施的步骤 2 号。

(4) 将星座点整体绕 S_2 轴旋转 $\sigma=\pi/2$，重心转到 S_1 轴上，相应地对称平面转到 S_1-S_2 平面。这在琼斯空间相当于乘以矩阵

$$\boldsymbol{U}_2(\sigma)=\begin{pmatrix}\cos\sigma/2 & \mathrm{j}\sin\sigma/2\\ \mathrm{j}\sin\sigma/2 & \cos\sigma/2\end{pmatrix} \tag{5-2-34}$$

在 S_1 轴上整体平移星座点，使得重心变为 $(0,0,0)$，在琼斯空间相当于乘以 $\boldsymbol{J}_{\mathrm{PDL}}(-\rho_3)$ 矩阵 $(\rho_3=-D_3/2a_{xy}^2)$。为了使星座点复原，还要再旋转 $-\pi/2$，使对称平面再次回到 S_2-S_3 平面，相对于在琼斯空间乘以 $\boldsymbol{U}_2(-\pi/2)$。整个过程相当于图 5-2-10(d)中实施的步骤 3 号。

上述过程写成一个整体变换公式，表示为

$$|\boldsymbol{E}_{\mathrm{out}}\rangle=\underbrace{\boldsymbol{U}_2(-\pi/2)\boldsymbol{J}_{\mathrm{PDL}}(-\rho_3)\boldsymbol{U}_2(\pi/2)}_{\text{PDL补偿步骤3号}}\underbrace{\boldsymbol{U}_3(-\pi/2)\boldsymbol{J}_{\mathrm{PDL}}(-\rho_2)\boldsymbol{U}_3(\pi/2)}_{\text{PDL补偿步骤2号}}\times \underbrace{\boldsymbol{J}_{\mathrm{PDL}}(-\rho_1)}_{\text{PDL补偿步骤1号}}\underbrace{\boldsymbol{J}_{\mathrm{SOP}}^{-1}}_{\text{偏分解复用}}|\boldsymbol{E}_{\mathrm{in}}\rangle \tag{5-2-35}$$

5.2.4 基于卡尔曼滤波器的偏振效应均衡算法

在 5.2.2 小节介绍了偏振效应的恒模算法(CMA)与判决导引最小均方算法(DD-LMS)，本节介绍基于卡尔曼滤波器的偏振效应均衡算法。该算法的优点是收敛速度快，复杂度低，可以联合处理偏振旋转、偏振模色散和偏振相关损耗的偏振效应造成的信号损伤，可以响应快速的偏振旋转(可以达 Mrad/s)，并且可以将载波恢复也纳入基于卡尔曼滤波器的联合算法中。

卡尔曼滤波器是匈牙利科学家鲁道夫·卡尔曼提出的，1960 年他发表名为 *A New Approach to Linear Filtering and Prediction Problems*[31]的论文。

卡尔曼滤波器是一种在噪声背景下恢复数据的信息处理算法，它采用状态空间对所研究的系统进行描述，采用递推方式实现系统的状态估计。与维纳滤波器相比，其数据存储量小，可以实现实时信号处理。正是由于卡尔曼滤波器的优异性能，它很快就应用于美国 NASA 阿波罗登月计划中的导航系统，获得成功。

卡尔曼滤波器算法的最简单的描述如下。它用描述状态矢量的过程方程和描

述可测量矢量的量测方程共同表示一个动态系统：

$$\boldsymbol{x}_k = \boldsymbol{A}\boldsymbol{x}_{k-1} + \boldsymbol{w}_{k-1} \tag{5-2-36}$$

$$\boldsymbol{z}_k = \boldsymbol{H}\boldsymbol{x}_k + \boldsymbol{v}_k \tag{5-2-37}$$

其中，状态矢量 $\boldsymbol{x} \in \mathbf{R}^n$ 是不可测量的，测量矢量 $\boldsymbol{z} \in \mathbf{R}^m$ 是可以观测的，$\boldsymbol{A} \in \mathbf{R}^{n\times n}$ 是状态转移矩阵，$\boldsymbol{H} \in \mathbf{R}^{m\times n}$ 是量测矩阵，$\boldsymbol{w} \in \mathbf{R}^n$ 是状态空间的噪声，其协方差为 Q，$\boldsymbol{v} \in \mathbf{R}^m$ 是量测空间的噪声，其协方差为 R。

卡尔曼滤波器的递归算法包括预测模块与校正模块，其框图如图 5-2-11。预测模块进行状态的先验估计，校正模块完成状态的更新。令 $\hat{x}^-$ 和 $\hat{x}$ 分别代表状态矢量的先验估计与后验估计，P^- 代表先验估计误差的协方差，P 代表后验估计误差的协方差。预测模块基于状态过程方程(5-2-36)，包含从第 $k-1$ 步后验估计预测第 k 步的状态先验估计（状态预估方程）与协方差的先验估计（状态协方差预估方程）：

$$\hat{x}_k^- = \boldsymbol{A}\hat{x}_{k-1} \tag{5-2-38}$$

$$P_k^- = \boldsymbol{A}P_{k-1}\boldsymbol{A}^{\mathrm{T}} + Q \tag{5-2-39}$$

校正模块基于量测方程(5-2-41)。它在第 k 步由 $\hat{x}_k^-$ 到 $\hat{x}_k$ 的更新中，利用当前测量量 $\boldsymbol{z}_k$ 与由 $\hat{x}_k^-$ 传递过来的预估测量 $\boldsymbol{H}\hat{x}_k^-$ 的差值（叫量测残余 Δ_k，也叫新息），经过卡尔曼增益 K_k 放大以后，计入到状态更新之中[式(5-2-41)]。卡尔曼增益与状态协方差的更新分别由式(5-2-40)和式(5-2-42)决定。

$$K_k = P_k^- \boldsymbol{H}^{\mathrm{T}}(\boldsymbol{H}P_k^-\boldsymbol{H}^{\mathrm{T}} + R) \tag{5-2-40}$$

$$\hat{x}_k = \hat{x}_k^- + K_k(\boldsymbol{z}_k - \boldsymbol{H}\hat{x}_k^-) \tag{5-2-41}$$

$$P_k = (\boldsymbol{I} - K_k\boldsymbol{H})P_k^- \tag{5-2-42}$$

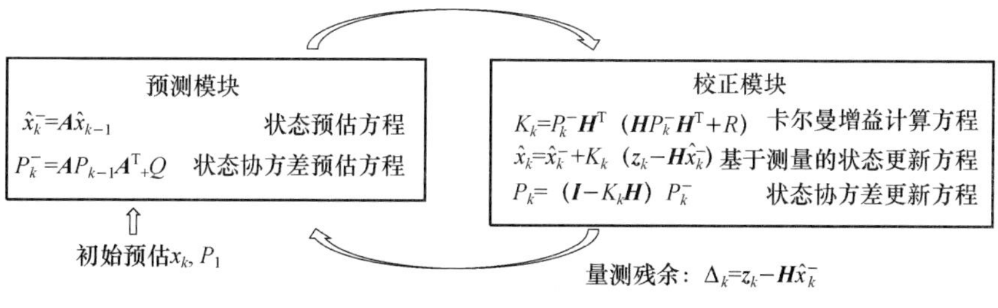

图 5-2-11 卡尔曼滤波器原理框图

以上假定待处理的动态系统是线性系统。遇到非线性系统时，状态矢量的过程方程以及测量矢量的量测方程变为

$$\boldsymbol{x}_k = a(\boldsymbol{x}_{k-1}) + \boldsymbol{w}_{k-1} \tag{5-2-43}$$

$$\boldsymbol{z}_k = h(\boldsymbol{x}_k) + \boldsymbol{v}_k \tag{5-2-44}$$

则预测模块与校正模块的 5 个方程也相应变为

$$\hat{x}_k^- = a_k(\hat{x}_{k-1}) \tag{5-2-45}$$

$$P_k^- = \boldsymbol{A}P_{k-1}\boldsymbol{A}^{\mathrm{T}} + Q \tag{5-2-46}$$

其中，

$$A_{ij,k}=\frac{\partial a_{i,k}}{\partial x_{j,k}},\quad i,j=1,2,\cdots,n \tag{5-2-47}$$

$$K_k=\boldsymbol{P}_k^-\boldsymbol{H}^{\mathrm{T}}(\boldsymbol{H}P_k^-\boldsymbol{H}^{\mathrm{T}}+R) \tag{5-2-48}$$

$$\hat{x}_k=\hat{x}_k^-+K_k[\boldsymbol{z}_k-h(\hat{x}_k^-)] \tag{5-2-49}$$

$$P_k=(\boldsymbol{I}-K_k\boldsymbol{H})P_k^- \tag{5-2-50}$$

其中，

$$H_{ij,k}=\frac{\partial h_{i,k}}{\partial x_{j,k}},\quad i=1,2,\cdots,m,\quad j=1,2,\cdots,n \tag{5-2-51}$$

将卡尔曼滤波器用于偏振效应的均衡，最早由安捷伦公司（现改名为是德科技公司）提出[32]。随后又陆陆续续有多个研究组投入研究。北京邮电大学研究组 2016 年完成了利用两阶段卡尔曼滤波器，联合解决偏分复用-16QAM 系统偏振旋转、偏振模色散、偏振相关损耗以及相位噪声的均衡问题，效果优于利用“恒模算法＋盲相位搜索算法（CMA-MMA-BPS）”[33]。这种两阶段卡尔曼滤波器详述如下。

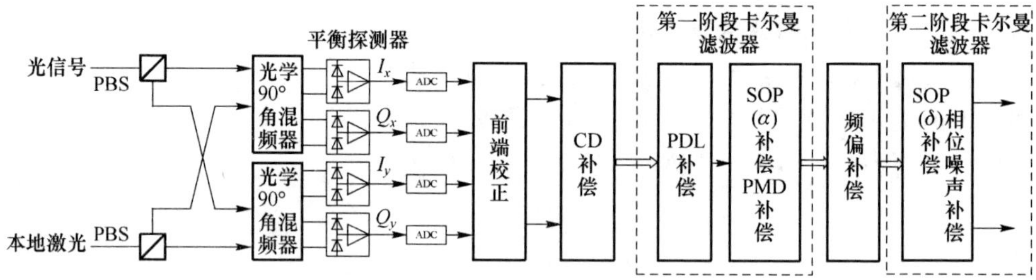

图 5-2-12　基于卡尔曼滤波器的偏振效应联合均衡算法框图

首先在斯托克斯空间进行偏振相关损耗的均衡。相应于偏振相关损耗的变换矩阵（琼斯空间）为

$$\boldsymbol{J}_{\mathrm{PDL}}=\begin{pmatrix}\cos\beta & -\sin\beta\\ \sin\beta & \cos\beta\end{pmatrix}\begin{pmatrix}\sqrt{1-\rho} & 0\\ 0 & \sqrt{1+\rho}\end{pmatrix}\begin{pmatrix}\cos\beta & \sin\beta\\ -\sin\beta & \cos\beta\end{pmatrix} \tag{5-2-52}$$

其中，β 为琼斯空间中偏振相关损耗本征坐标系与实验室坐标系的夹角。设第 k 时刻（$t=kT_0$，T_0 是符号周期）待更新的偏分复用信号矢量为 $\boldsymbol{u}_k=(u_{x,k},u_{y,k})^{\mathrm{T}}$，其映射到斯托克斯空间后的归一化坐标为 $(s_{1k},s_{2k},s_{3k})^{\mathrm{T}}$（用 s_0 归一化），则根据式（5-2-32）有

$$\rho=\sqrt{s_{1k}^2+s_{2k}^2+s_{3k}^2} \tag{5-2-53}$$

$$\beta=\frac{1}{2}\arctan\left(\frac{s_{2k}}{s_{1k}}\right) \tag{5-2-54}$$

从斯托克斯空间得到 ρ 与 β 之后，通过执行 $\boldsymbol{J}_{\mathrm{PDL}}^{-1}$ 来均衡偏振相关损耗。

琼斯空间的偏振旋转矩阵和偏振模色散矩阵分别为

$$\boldsymbol{J}_{\mathrm{SOP}}=\begin{pmatrix} \mathrm{e}^{-\mathrm{j}\delta/2} & 0 \\ 0 & \mathrm{e}^{\mathrm{j}\delta/2} \end{pmatrix}\begin{pmatrix} \cos\alpha & -\sin\alpha \\ \sin\alpha & \cos\alpha \end{pmatrix} \tag{5-2-55}$$

$$\boldsymbol{J}_{\mathrm{PMD}}=\cos(\omega\tau/2)\begin{pmatrix} 1 & 0 \\ 0 & 1 \end{pmatrix}-\mathrm{j}\,\frac{\sin(\omega\tau/2)}{\tau}\begin{pmatrix} \tau_1 & \tau_2-\mathrm{j}\tau_3 \\ \tau_2+\mathrm{j}\tau_3 & -\tau_1 \end{pmatrix} \tag{5-2-56}$$

其中，$\tau=|\boldsymbol{\tau}|$为差分群时延，$\boldsymbol{\tau}=(\tau_1,\tau_2,\tau_3)^{\mathrm{T}}$为斯托克斯空间里的偏振模色散矢量。

将偏振旋转的 α 角以及偏振模色散矢量的三个分量组成状态矢量

$$\boldsymbol{x}_k=\begin{pmatrix} \alpha_k \\ \tau_{1k} \\ \tau_{2k} \\ \tau_{3k} \end{pmatrix} \tag{5-2-57}$$

根据式(5-2-12)，对于 16QAM 信号，第一步均衡后，归一化信号应该落在三个圆环上$(r_1^2,r_2^2,r_3^2)^{\mathrm{T}}=(0.2,1.0,1.8)^{\mathrm{T}}$。因此采用下列测量矢量

$$\boldsymbol{z}_k=\begin{pmatrix} (u_{x,k}u_{x,k}^*-r_1^2)(u_{x,k}u_{x,k}^*-r_2^2)(u_{x,k}u_{x,k}^*-r_3^2) \\ (u_{y,k}u_{y,k}^*-r_1^2)(u_{y,k}u_{y,k}^*-r_2^2)(u_{y,k}u_{y,k}^*-r_3^2) \end{pmatrix} \tag{5-2-58}$$

一旦信号均衡后，会落在三个圆环上，意味着测量矢量 $\boldsymbol{z}_k=(0,0)^{\mathrm{T}}$。这样量测残余为

$$\Delta_k=\boldsymbol{z}_k-h_k(\boldsymbol{x}_k^-)=\begin{pmatrix} 0 \\ 0 \end{pmatrix}-\begin{pmatrix} (u_{x,k}u_{x,k}^*-r_1^2)(u_{x,k}u_{x,k}^*-r_2^2)(u_{x,k}u_{x,k}^*-r_3^2) \\ (u_{y,k}u_{y,k}^*-r_1^2)(u_{y,k}u_{y,k}^*-r_2^2)(u_{y,k}u_{y,k}^*-r_3^2) \end{pmatrix} \tag{5-2-59}$$

这样第一阶段卡尔曼滤波器均衡了偏振相关损耗、偏振模色散以及偏振旋转中的 α 角。

第二阶段卡尔曼滤波器解决偏振旋转中的 δ 相位和激光器噪声 θ。设第二阶段的状态矢量为

$$\boldsymbol{x}_k'=\begin{pmatrix} \delta_k \\ \theta_k \end{pmatrix} \tag{5-2-60}$$

考虑第二阶段均衡后，16QAM 信号恢复，其星座点分布在三个圆环上，其中最里面和最外面的环上的星座点与 QPSK 星座点一样，所有星座点的实部长度等于虚部长度。这样选择第二阶段的测量矢量为

$$\boldsymbol{z}_k'=\begin{pmatrix} \mathrm{Re}\,\{u'_{\mathrm{QPSK},x,k}\}^2-\mathrm{Im}\,\{u'_{\mathrm{QPSK},x,k}\}^2 \\ \mathrm{Re}\,\{u'_{\mathrm{QPSK},y,k}\}^2-\mathrm{Im}\,\{u'_{\mathrm{QPSK},y,k}\}^2 \end{pmatrix} \tag{5-2-61}$$

量测残余为

$$\Delta_k'=\boldsymbol{z}_k'-h_k'(\boldsymbol{x}_k'^-)=\begin{pmatrix} 0 \\ 0 \end{pmatrix}-\begin{pmatrix} \mathrm{Re}\,\{u'_{\mathrm{QPSK},x,k}\}^2-\mathrm{Im}\,\{u'_{\mathrm{QPSK},x,k}\}^2 \\ \mathrm{Re}\,\{u'_{\mathrm{QPSK},y,k}\}^2-\mathrm{Im}\,\{u'_{\mathrm{QPSK},y,k}\}^2 \end{pmatrix} \tag{5-2-62}$$

这样第二阶段均衡完成。经过两阶段卡尔曼滤波器，偏振旋转、偏振相关损耗、偏振模色散以及相位噪声全部均衡完毕。

下面利用一个 28Gbaud 偏分复用 Nyquist-16QAM 的相干通信系统作为平台，考察传统算法与基于卡尔曼滤波器算法的性能比较。其中所谓传统算法是基于恒模算法处理偏振效应均衡(CMA-MMA)，随后利用盲相位搜索算法(Blind Phase Search，BPS)处理载波相位恢复算法。合在一起称为 CMA-MMA-BPS 算法，而基于卡尔曼滤波器的算法是用上述两阶段卡尔曼滤波器算法来联合均衡偏振效应和相位噪声。比较时假定没有频率偏移问题。图 5-2-13 显示了在 28Gbaud 偏分复用 Nyquist-16QAM 的相干通信系统仿真平台上两种算法的光信噪比容忍度的表现比较结果，可以看出存在一个转折的光信噪比，当 OSNR 大于 21 dB 时，两阶段卡尔曼滤波器算法明显优于传统 CMA-MMA-BPS 算法(图 5-2-13(a))。图 5-2-13(b)和(c)显示了 OSNR=25 dB 时，两种算法不同阶段输出的 16QAM 星座图，也能看出两阶段卡尔曼滤波器均衡算法优于传统算法。

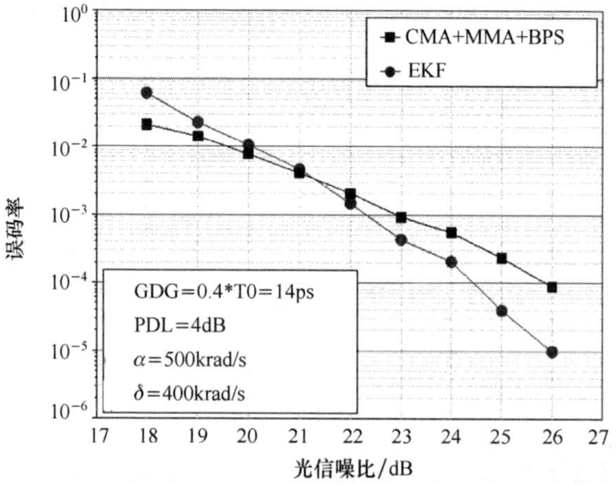

(a)

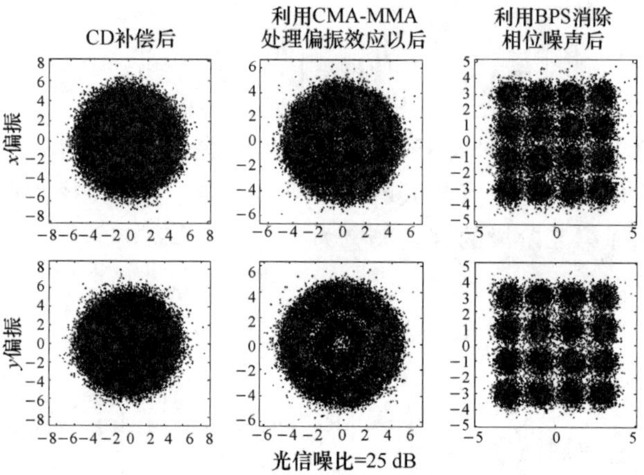

(b)

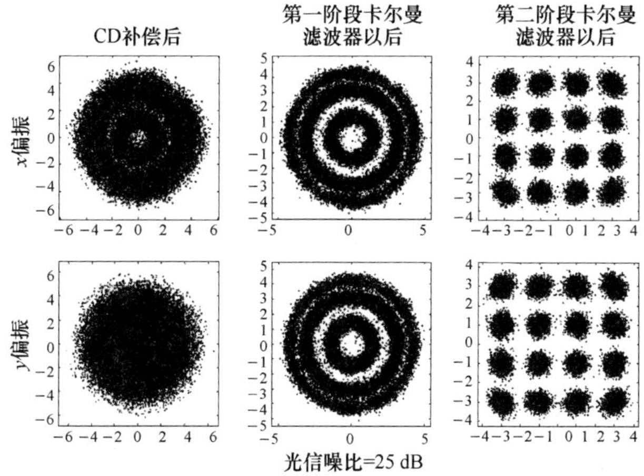

(c)

图 5-2-13

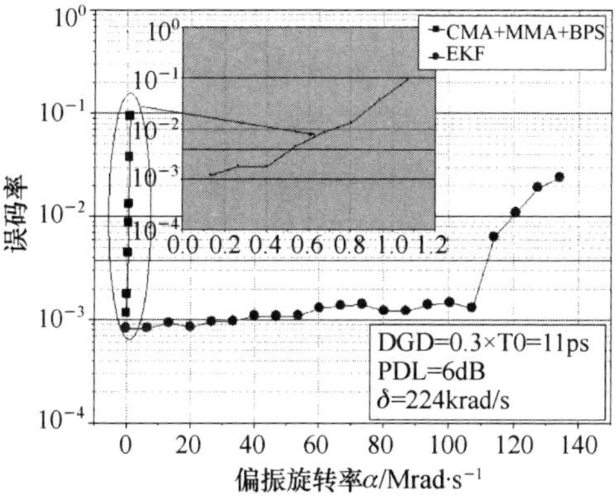

(a) 偏振旋转α角

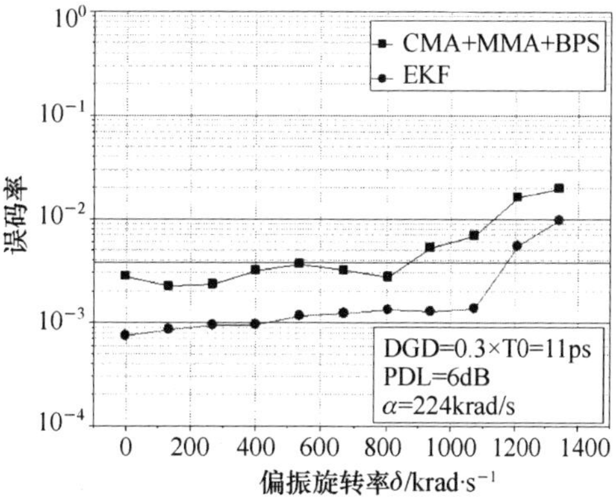

(b) 偏振旋转δ角

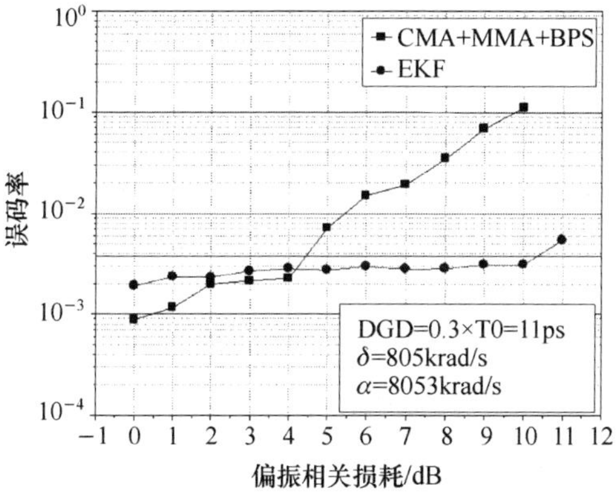

(c) 偏振相关损耗

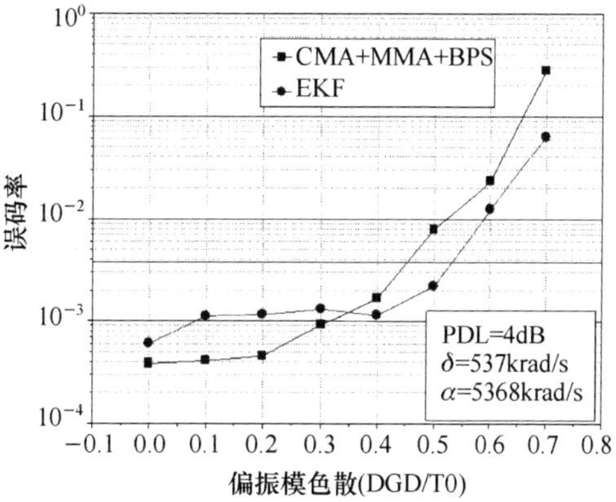

(d) 偏振模色散

图 5-2-14 两种算法均衡不同参数的性能比较

从图 5-2-14 可以看出两种算法在偏振效应不同参数时的性能比较，总体上两阶段卡尔曼滤波器表现要优于传统算法。特别是对于偏振旋转 α 角的跟踪大大优于传统算法,可以跟踪偏振旋转 α 角变化达 100 Mrad/s。另外,基于 CMA 的算法对于偏振相关损耗的均衡只能达到 4 dB 左右,而两阶段卡尔曼滤波器可以均衡 10 dB 的偏振相关损耗。

本章参考文献

[1] BUCHALIF, BÜLOW H. Adaptive PMD compensation by electrical and optical techniques [J]. Journal of Lightwave Technology, 2004, 22(4): 1116-1126.

[2] BINH L N, JUYNH T L, PANG K K. MLSE Equalizers for frequency discrimination receiver of MSK Optical transmission system [J]. Journal of Lightwave Technology, 2008, 26(12):1586-1595.

[3] MIZUOCHI T. Next Generation FEC for Optical Communication [C]. Proceeding Optical Fiber Communication Conference/National Fiber Optic Engineers Conference (OFC/NFOEC), 2008, San Diego, California, USA, paper OTuE5.

[4] ISHIDAK, MIZUOCHI T, SUGIHARA T. Demonstration of PMD mitigation in long-haul WDM transmission using automatic control of input state of polarization [C]. Proceedings of European Conference on Optical Communication (ECOC), Copenhagen, Denmark, September 8～12, 2002, Paper session: Polarization mode dispersion2 11. 1. 157.

[5] LIU X, XIE C, WIJNGGAARDEN A J. Multichannel PMD mitigation through forward-error-correction with distributed fast PMD scrambling [C]. Proceeding Optical Fiber Communication Conference (OFC), Los Angeles, California, USA, Feb. 2004, Paper WE2.

[6] FRANCIAC, BRUYERE F, THIERY J P, etc. Simple dynamic polarization mode dispersion compensator [J]. Electronics Letters, 1999, 35(5): 414-415.

[7] NOÈ R, SANDEL D, YOSHIDA-DIEROLF M, etc. Polarization mode dispersion compensation at 10, 20, and 40 Gb/s with various optical equalizers[J]. Journal of Lightwave Technology, 1999, 17(9):1602-1616.

[8] BUCHALIF, BAUMERT W, BÜLOW H, etc. A 40 Gbit/s eye monitor and its application to adaptive PMD compensation [C], Proceeding Optical Fiber Communication Conference (OFC), Anaheim, California, USA, 2002,

Paper WE6：202-204.

[9] ZHANGX G，YU Li，ZHENG Y，etc. Two-stage adaptive PMD compensation in a 10 Gbit/s optical communication system using particle swarm optimization algorithm [J]. Optics Communications，2004，231 (1-6)：233-242

[10] ZHANG X G，XI L X，YU Li，etc. Two-stage adaptive PMD compensation in 40-Gb/s OTDM optical communication system [J]. Chinese Optics Letters，2004，2(6)：316-319

[11] 张晓光，于丽，郑远，等. 光纤通信系统中偏振模色散自适应补偿实验研究[J]. 光子学报，2003，32(12)：1474-1478.

[12] ALLEN C T，KONDAMURI P K，RICHARDS D L，etc. Measured temporal and spectral PMD characteristics and their implications for network-level mitigation approaches [J]. Journal of Lightwave Technology，2003，21(1)：79-86.

[13] TANIZAWAK，HIROSE A. Optical control of tunable PMD compensator using random step size hill-climbing method [C]. Proceeding Optical Fiber Communication Conference and National Fiber Optic Engineers Conference (OFC/NFOEC)，2008，San Diego，California，USA，2008. Paper JThA75

[14] ZHENG Y，ZHANG X G，ZHOU G T，etc. Automatic PMD compensation experiment with particle swarm optimization and adaptive dithering algorithms for 10-Gb/s NRZ and RZ formats [J]. IEEE Journal of Quantum Electronics，2004，40(4)：427-435.

[15] ZHANG X G，YU L，ZHENG Y，etc. Adaptive PMD compensation using PSO algorithm [C]. Proceeding Optical Fiber Communication Conference (OFC)，LosAngeles，California，USA，2004，Paper ThFl

[16] ZHANG X G，ZHENG Y，SHEN Y，etc. Particle swarm optimization used as a control algorithm for adaptive PMD compensation [J]. IEEE Photonics Technology Letters，2005，17(1)：85-87.

[17] KIECKBUSCH S，FERBER S，ROSENFELDT H. Automatic PMD compensator in a 160-Gb/s OTDM transmission over deployed fiber using RZ-DPSK modulation format [J]. Journal of Lightwave Technology，2005，23(1)：165-171.

[18] KANDA Y，MURAI H，KAGAWA M. Highly stable 160-Gb/s filed transmission employing adaptive PMD compensator with ultra high time-resolution variable DGD generator [C]. Proceedings of European Conference

on Optical Communication (ECOC), Tokyo Japan, 2008, Paper We3E6.
[19] KENNEDY J, EBERHART R C. Particle swarm optimization [C]. Proceedings of IEEE International Conference on Neural Networks, Piscataway, NJ, USA, 1995: 1942-1948,
[20] 张晓光. 光纤偏振模色散自适应补偿系统的研究 [D]. 北京:北京邮电大学博士论文,2004.
[21] http://www. lightwaveonline. com/articles/2002/05/deutsche-telekom-trials-first-40gbits-pmd-compensation-system-54834602. html.
[22] http://www. opnext. com/products/subsys/OTS4540. cfm.
[23] ZHANG X G, WENG X, TIAN F, etc. Demonstration of PMD compensation by using a DSP-based OPMDC prototype in a 43-Gb/s RZ-DQPSK, 1 200 km DWDM transmission [J]. Optics Communications, 2011, 284 (18): 4156-4160.
[24] SAVORY S J. Digital Coherent Optical Receivers: Algorithms and Subsystems [J]. IEEE Journal of Selected Topics in Quantum Electronics, 2010, 16(5): 1164-1179.
[25] ZHANG H, TAO Z, LIU L, etc. Polarization demultiplexing based on independent component analysis in optical coherent receivers [C]. Proceedings of European Conference on Optical Communication (ECOC), Tokyo Japan, 2008, Mo. 3. D. 5.
[26] 童程,邸雪静,张晓光,等. 一种改进的光频分复用 16-QAM 系统盲解复用算法的研究[J]. 光电子.激光,2013, 24(4): 704-709.
[27] FATADIN I, IVES D, SAVORY S J. Blind Equalization and Carrier Phase Recovery in a 16-QAM Optical Coherent System [J]. Journal of Lightwave Technology, 2009, 27(15): 3042-3049.
[28] SZAFRANIEC B, NEBENDAHL B, MARSHALL T. Polarization demultiplexing in Stokes space [J]. Optics Express, 2010, 18(17): 17928-17939.
[29] YU Z M, YI X W, ZHANG J, etc. Modified constant modulus algorithm with polarization demultiplexing in Stokes space in optical coherent receiver [J]. Journal of Lightwave Technology, 2013, 31(19): 3203-3209.
[30] MUGA N J, PINTO A N. Digital PDL compensation in 3D Stokes space [J]. Journal of Lightwave Technology, 2013, 31(13): 2122-2130.
[31] KALMAN R E. A new approach to linear filtering and prediction problems [J]. Transactions of the ASME-Journal of Basic Engineering, 1960, 82(D):

35-45.

[32] MARSHALL T, SZAFRANIEC B, NEBENDAHL B. Kalman filter carrier and polarization-state tracking [J]. Optics Letters, 2010, 35 (13), 2203-2205.

[33] FENGY Q, LI L Q, LIN J C, etc. Joint tracking and equalization scheme for multi-polarization effects in coherent optical communication systems [J]. Optics Express, 2016, 24(22): 25491-25501.